国家“双高计划”水利水电建筑工程专业群系列教材

水利工程质量检验与评定

主　编　李方灵

副主编　孙　砚　王　强　韦　伟

主　审　丁友斌

中国水利水电出版社

www.waterpub.com.cn

·北京·

内 容 提 要

本书是国家“双高计划”水利水电建筑工程专业群系列教材，全面地阐述了水利工程质量检验与评定的基本内容、方法和要求。全书共分7个项目，包括水利工程质量检测的概述、水利工程土方检测、水利工程原材料检测、水利工程现场结构检测、水利工程质量事故、水利工程验收管理规定、水利工程质量检验与评定等基本内容。

本书是为适应国家高等职业技术教育的发展而编写的，可作为高等职业技术学院、高等专科学校等水利水电工程建筑工程、水利工程、水利水电工程技术、工程造价、工程监理等专业的教材，也可作为水利、建筑等行业岗位培训、技能鉴定的教材，亦可供其他相关专业的师生和工程技术人员阅读参考。

图书在版编目（CIP）数据

水利工程质量检验与评定 / 李方灵主编. -- 北京 : 中国水利水电出版社, 2024.12
ISBN 978-7-5226-1717-6

Ⅰ. ①水… Ⅱ. ①李… Ⅲ. ①水利工程－工程质量－质量检验－高等职业教育－教材②水利工程－工程质量－评定－高等职业教育－教材 Ⅳ. ①TV512

中国国家版本馆CIP数据核字(2023)第141990号

书　　名	国家“双高计划”水利水电建筑工程专业群系列教材 **水利工程质量检验与评定** SHUILI GONGCHENG ZHILIANG JIANYAN YU PINGDING
作　　者	主　编　李方灵 副主编　孙　砚　王　强　韦　伟 主　审　丁友斌
出版发行	中国水利水电出版社 （北京市海淀区玉渊潭南路1号D座　100038） 网址：www.waterpub.com.cn E-mail：sales@mwr.gov.cn 电话：(010) 68545888（营销中心）
经　　售	北京科水图书销售有限公司 电话：(010) 68545874、63202643 全国各地新华书店和相关出版物销售网点
排　　版	中国水利水电出版社微机排版中心
印　　刷	天津嘉恒印务有限公司
规　　格	184mm×260mm　16开本　11.75印张　286千字
版　　次	2024年12月第1版　2024年12月第1次印刷
印　　数	0001—2000册
定　　价	**43.00**元

前言

水利工程质量检验与评定是水利工程与管理类专业一门重要的专业基础课（核心课），既为学生学习专业课程提供必要的水利工程质量检验、检测的基本知识和检测方法，也为学生日后顶岗实习和工作奠定基础。

本书从水利工程和管理类专业的一线对技能型人才的需求出发，采用国家与行业最新规范、规程与相关标准，根据高等职业技术应用型人才培养的要求及工程实际应用与最新发展动态，以“必需、够用”为原则，以项目为引领，以任务为驱动进行编写。全书分7个项目，项目1介绍水利工程质量的特点，水利工程质量检测的基本内容及相关规定；项目2介绍水利工程土方检测的基础知识；项目3介绍水利工程原材料的品种、性质及检测技术、方法；项目4介绍水利工程现场结构检测的内容与方法；项目5介绍水利工程质量事故的分类、等级、上报、调查、处理等相关内容；项目6介绍水利工程验收的基本内容及方法；项目7介绍水利工程质量检验与评定的基本内容。本书可以作为各类高职高专院校水利工程质量检验与评定相关专业的课程教材和教学用书，还可以作为水利、建筑等行业岗位培训、技能鉴定的教材和工程技术人员的参考书。

本书编写人员及编写分工如下：安徽水利水电职业技术学院王强编写项目1和项目3，安徽水利水电职业技术学院李方灵编写项目2和项目7，安徽长江河道管理局韦伟编写项目4，安徽水利水电职业技术学院孙砚编写项目5和项目6。本书由李方灵担任主编及框架设计，孙砚负责全书统稿；由孙砚、王强、韦伟担任副主编；由安徽水利水电职业技术学院丁友斌担任主审。

本书在编写过程中，得到了各有关企业专家和高职院校专家及出版社的支持、帮助，同时，参考了相关资料、著作、教材，对提供帮助的同人及资料、著作、教材的作者，在此一并致以诚挚的谢意！

由于编者水平有限，书中难免存在错漏和不足之处，恳切希望广大读者批评指正。

编者

2023年6月

“行水云课”数字教材使用说明

“行水云课”水利职业教育服务平台是中国水利水电出版社立足水电、整合行业优质资源全力打造的“内容”+“平台”的一体化数字教学产品。平台包含高等教育、职业教育、职工教育、专题培训、行水讲堂五大版块，旨在提供一套与传统教学紧密衔接、可扩展、智能化的学习教育解决方案。

本套教材是整合传统纸质教材内容和富媒体数字资源的新型教材，它将大量图片、音频、视频、3D动画等教学素材与纸质教材内容相结合，用以辅助教学。读者可通过扫描纸质教材二维码查看与纸质内容相对应的知识点多媒体资源，完整数字教材及其配套数字资源可通过移动终端APP、“行水云课”微信公众号或中国水利水电出版社“行水云课”平台查看。

扫描下列二维码可获取本书课件。

课件

多媒体知识点索引

续表

目录

项目1

水利工程质量检测的概述

【思维导图】

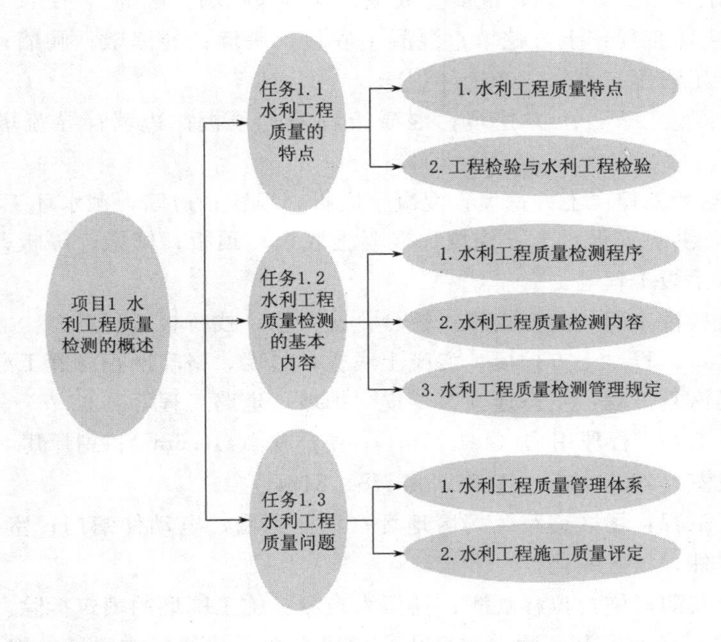

【项目简述】

本项目主要简单介绍水利工程质量检测的主要内容，包括水利工程质量的特点；水利工程质量检测内容；水利工程质量检测管理规定；水利工程质量管理体系；水利工程施工质量评定等。

【项目载体】

某水利工程建设项目的工程检验基本资料如下。

1. 水利工程项目概况

某水利工程施工内容主要为移址新建泵站1座，设计排涝流量为25m³/s，装置6台1200ZLB－85立式轴流泵，单机配套功率450kW，装机功率2700kW。泵站主要由引水渠、清污机桥、前池、泵室、压力水箱、穿堤涵洞、防洪闸等组成。工程等别为Ⅲ等，防洪闸、穿堤涵洞为1级建筑物，泵室、压力水箱、清污机桥等主要建筑物为3级建筑物，次要建筑物为4级建筑物，外河侧围堰为4级建筑物，内河侧围堰为5

级建筑物。工程合理使用年限为50年。

2. 水利工程项目基本内容

项目主要工程内容如下：

（1）土建工程。

1）地基处理工程：水泥土褥垫层；水泥土换填；水泥深层搅拌桩；小木桩基础处理。

2）引河疏浚工程：引河清淤疏浚；混凝土（草皮）护坡；格宾挡墙工程等。

3）引水明渠工程：土方挖填；生态连锁（草皮）护坡；格宾网箱护底（护坡）；扶臂式（悬臂式）挡墙工程等。

4）清污机桥工程：土方挖填；混凝土底板；闸墩；人行桥工程等。

5）前池工程：土方挖填；混凝土底板；扶臂式挡墙工程等。

6）泵站主体工程：土方挖填；混凝土底板；墩墙；导流墩；胸墙；流道层；水泵层；电机层工程等。

7）压力水箱工程：土方挖填；混凝土底板；顶板；边墙；导流墩；截水环工程等。

8）出水箱涵工程：土方挖填；混凝土底板；顶板；边墙；截水环工程等。

9）出口防洪闸工程：土方挖填；混凝土底板；顶板；闸墩；隔板；胸墙；排架柱；启闭机台梁板工程等。

10）人行栈桥工程：土方挖填；桥台；排架柱；栈桥板工程等。

11）出水口工程：土方挖填；混凝土底板；边墙；格宾网箱海漫工程等。

12）大堤恢复工程：生态连锁（草皮）护坡；道路工程等。

13）房屋工程：管理用房（484.51m^2）；主厂房（416.6m^2）；副厂房（1112.08m^2）；泄洪闸启闭机室（46.50m^2）；启闭机房（51.24m^2）。

14）厂区工程：场区道路及场区地坪；场区围墙；电动伸缩门；室外给水管道；设备及管道附件；场区绿化。

15）安全监测设施：位移观测；扬压力观测；施工围堰的填筑拆除。

（2）机电设备及安装工程：主泵机；供水系统；检修排水系统；渗漏排水系统；水力监测系统；起重设备；暖通设备；泵站电气设备及安装工程；管理房、厂区照明电气设备及安装工程；消防设备。

（3）金属结构及安装工程：闸门设备及安装；启闭设备及安装；其他设备及安装。项目工期、质量及管理目标的实现；公司响应合同文件的全部条款，把本工程作为公司重点工程，在施工中按照“贯彻国标，内抓管理，外拓市场，精心施工，优质服务，干一项工程，树一座丰碑”的方针进行施工。采取切实可行的措施确保实现以下管理目标：

1）质量目标。严格执行“三检制”，按照《质量管理体系　要求》（GB/T 19001—2016/ISO 9001：2015）质量保证体系运作，坚决贯彻国家质量方针；确保本工程质量等级达到合格标准，争创优良工程。

2）工期目标。计划施工工期：260日历天；计划开工日期：2020年10月7

日；计划完工日期：2021年6月17日；其中关键节点工期：2021年1月15日水工建筑物工程完工；2021年2月28日完成金属结构机电安装，投入试运行；确保按承诺工期交工，力争提前完工，要有大干晴天、抢干阴天、巧干雨天、干好每一天的精神。

3）安全目标。施工中认真贯彻“安全第一，预防为主、综合治理”的方针，杜绝施工中的人身伤亡事故和机械重大安全事故的发生，使负伤频率低于行业标准。

4）文明施工。实行标准化管理，创文明施工标准化工地（责任心是安全之魂，标准化是安全之本；用智慧浇筑时代精品，用真情取信社会各界）。

5）环境保护。遵守国家环境保护法律、法规和规章制度，做好噪声防治和扬尘、生活污水、生产废水、固体废弃物及地表水和地下水污染防治工作，施工不造成环境污染。妥善地处理好工程和环境的关系，改善环境、美化环境、控制污染（环境重在一点一滴，文明贵在一言一行）。

6）水土保持。做好废弃土和料场开挖及其植被恢复，做到保护生态，人与自然和谐，水土保持是我国必须长期坚持的一项基本国策。

7）施工协调。本工程施工原材料需求量大，施工工期紧，而且专业技术性要求非常强，影响工程的因素较多，需积极、主动地争取各方支持、配合，主动协调地方关系，减少干扰，化解影响施工的不利因素。

【项目实施方法及目标】

1. 项目实施方法

本项目分为四个阶段：

第一阶段，熟悉资料，了解项目的任务要求。

第二阶段，任务驱动，学习相关知识，完成知识目标。在此过程中，需要探寻查阅有关资料、规范，完成项目任务实施之前的必要知识储备。

第三阶段，项目具体实施阶段，完成相应教学目标。在这个阶段，可能会遇到许多与之任务相关的问题，因此在本阶段要着重培养学生发现问题、分析问题、解决问题的能力。通过对该项目的学习和实训，能够提高学生的专业知识、专业技能，同时提高学生的整体专业知识的连贯性。

第四阶段，归纳总结水利工程质量检验的内容，水利工程质量检验管理规定及水利工程质量事故与质量缺陷，在这个过程中，培养学生分析问题、解决问题的能力和查找规范、应用规范的能力。

2. 项目教学目标

水利工程质量检测项目的教学目标包括知识目标、技能目标和素质目标三个方面。技能目标是核心目标，知识目标是基础目标，素质目标贯穿整个教学过程，是学习掌握项目的重要保证。

（1）知识目标。

1）掌握水利工程质量的特点。

2）掌握水利工程质量检测的基本内容。

3）水利工程检验管理的基本规定。

（2）技能目标。

1）能够进行水利工程质量检测基本规范的查找能力。

2）能够分析归纳总结问题的能力。

3）能够进行规范、资料整理和应用。

（3）素质目标。

1）认真进行相应检测项目的检测任务——科学、认真填写检测结果，培养学生严谨认真的态度，科学务实的求真精神。

2）对照法规、专业标准、规范、合同约定进行结论判定——培养学生遵纪守法、树立规矩意识。

（4）现行规范。

1）《水利水电工程施工质量检验与评定规程》（SL 176—2007）。

2）《水利工程质量管理规定》（水利部令第52号）。

3）《水利工程质量检测管理规定》（水利部令第36号）。

4）《水利工程建设安全生产监督检查导则》（水安监〔2011〕475号）。

5）《水利水电建设工程验收规程》（SL 223—2008）。

（5）水利工程质量检测的检测报告。

1）检测报告或者实训报告。学生应根据送检单位的检测任务的要求，按照规范、工程合同约定完成检测任务，出具检测报告；或者根据教学目标任务，填写实训报告。并说明检测成果是否合理，如不合理，列出处理步骤；数据计算方法要求正确，参数取值合理，数据真实可靠，计算结果正确可信。

2）课后说明。简要说明检测报告的计算依据、方法、目的，并对水利工程质量检测的有关内容进行总结，巩固学生学习效果。

任务1.1 水利工程质量的特点

1.1 水利工程质量的特点

1.1.1 水利工程质量特点

（1）工程质量的复杂性。水利工程要通过多部门、多阶段、多环节、多工序实现，质量形成过程比较复杂，影响因素多，包括决策、设计、材料、机械、施工工序、操作方法、技术措施、管理制度、人员素质及自然条件等。

（2）工程质量的重要性。工程质量的好坏不仅影响到工程本身，还影响到工程参建各方以及水利工程的下游人民的生命财产安全。

（3）工程质量的单一性。质量波动大。由工程的复杂性、多样性及单一性决定。

（4）质量变异大。影响工程质量的偶然性因素及系统性因素多，施工中要严防系统性因素的质量变异，把质量变异控制在偶然性因素范围内。

（5）质量隐蔽性。

（6）终检局限性大。

1.1.2 工程检验与水利工程检验

（1）工程检验。为保障已建、在建、将建的建筑工程安全，在建设全过程中对与建筑物有关的地基、建筑材料、施工工艺、建筑结构进行测试的一项重要工作。

（2）水利工程检验。水利工程检验是指水利工程质量检测单位，依据国家有关法律、法规和标准，对水利工程实体及用于水利工程的原材料、中间产品、金属结构和机电设备等进行的检查、测量、试验或者度量，并将结果与有关标准、要求进行比较以确定工程质量是否合格所进行的活动。

任务1.2　水利工程质量检测的基本内容

1.2　水利工程质量检测的基本内容

1.2.1　水利工程质量检测程序

水利工程质量检测程序主要有：

（1）施工准备质量检查。

（2）中间产品与原材料质量检验。

（3）水工金属结构、房门启闭机及机电产品质量检查。

（4）单元工程质量检验。

（5）质量事故。

（6）工程验收与管理。

1.2.2　水利工程质量检测内容

水利工程检测单位应当按照规定取得资质，并在资质等级许可的范围内承担质量检测业务。

水利工程检测单位资质分为岩土工程、混凝土工程、金属结构、机械电气和量测工程共5个类别，每个类别分为甲级、乙级2个等级。检测单位资质等级标准由水利部另行制定并向社会公告。

（1）岩土工程检测主要包括：压实度（密度、含水率、击实试验）、土的筛分试验、土的固结试验、土的剪切试验等。

（2）混凝土工程检测主要包括：原材料检测（水泥、砂、石子、外加剂、掺合料）、混凝土配合比、混凝土强度等。

（3）金属结构（简称金结）检测主要包括：钢筋检测（拉伸、弯曲、焊接）、钢材变形等。

（4）机械电气检测主要包括：水力机械检测、电气设备检测等。

（5）量测工程检测主要包括：断面测量、高程测量、变形测量等。

水工结构现场检测主要包括：现场混凝土检测（回弹、取芯）；现场钢筋保护层厚度；现场裂缝宽度等。

取得甲级资质的检测单位可以承担各等级水利工程的质量检测业务。大型水利工程（含一级堤防）主要建筑物及水利工程质量与安全事故鉴定的质量检测业务，必须由具有甲级资质的检测单位承担。主要建筑物是指失事以后将造成下游灾害或者严重影响工程功能和效益的建筑物，如堤坝、泄洪建筑物、输水建筑物、电站厂房和泵站等。

从事水利工程质量检测的专业技术人员（简称检测人员），应当具备相应的质量检测知识和能力，并按照国家职业资格管理的规定取得从业资格。

1.2.3 水利工程质量检测管理规定

1. 检测单位的资质审批单位

水利部负责审批检测单位甲级资质；省、自治区、直辖市人民政府水行政主管部门负责审批检测单位乙级资质。

检测单位资质原则上采用集中审批方式，受理时间由审批机关提前3个月向社会公告。

2. 检测单位应当向审批机关提交的申请材料

（1）水利工程质量检测单位资质等级申请表。

（2）计量认证资质证书和证书附表复印件。

（3）主要试验检测仪器、设备清单。

（4）主要负责人、技术负责人的职称证书复印件。

（5）管理制度及质量控制措施。

具有乙级资质的检测单位申请甲级资质的，还需提交近3年承担质量检测业务的业绩及相关证明材料。

检测单位可以同时申请不同专业类别的资质。

3. 审批机关的审批程序

（1）审批机关收到检测单位的申请材料后，应当依法作出是否受理的决定，并向检测单位出具书面凭证；申请材料不齐全或者不符合法定形式的，应当在5日内一次告知检测单位需要补正的全部内容。

（2）审批机关应当在法定期限内作出批准或者不予批准的决定。听证、专家评审及公示所需时间不计算在法定期限内，行政机关应当将所需时间书面告知申请人。决定予以批准的，颁发水利工程质量检测单位资质等级证书（简称资质等级证书）；不予批准的，应当书面通知检测单位并说明理由。

（3）审批机关在作出决定前，应当组织对申请材料进行评审，必要时可以组织专家进行现场评审，并将评审结果公示，公示时间不少于7日。

（4）资质等级证书有效期为3年。有效期届满，需要延续的，检测单位应当在有效期届满30日前，向原审批机关提出申请。原审批机关应当在有效期届满前作出是否延续的决定。

（5）原审批机关应当重点核查检测单位仪器设备、检测人员、场所的变动情况，检测工作的开展情况以及质量保证体系的执行情况，必要时，可以组织专家进行现场核查。

（6）检测单位变更名称、地址、法定代表人、技术负责人的，应当自发生变更之日起60日内到原审批机关办理资质等级证书变更手续。

（7）检测单位发生分立的，应当按照本规定重新申请资质等级。

（8）任何单位和个人不得涂改、倒卖、出租、出借或者以其他形式非法转让资质等级证书。

4. 检测单位及检测人员的履责要求

（1）检测单位应当建立健全质量保证体系，采用先进、实用的检测设备和工艺，完善检测手段，提高检测人员的技术水平，确保质量检测工作的科学、准确和公正。检测单位不得转包质量检测业务；未经委托方同意，不得分包质量检测业务。

(2) 检测单位应当按照国家和行业标准开展质量检测活动；没有国家和行业标准的，由检测单位提出方案，经委托方确认后实施。

(3) 检测单位违反法律、法规和强制性标准，给他人造成损失的，应当依法承担赔偿责任。

(4) 质量检测试样的取样应当严格执行国家和行业标准以及有关规定。提供质量检测试样的单位和个人，应当对试样的真实性负责。

(5) 检测单位应当按照合同和有关标准及时、准确地向委托方提交质量检测报告并对质量检测报告负责。

(6) 任何单位和个人不得明示或者暗示检测单位出具虚假质量检测报告，不得篡改或者伪造质量检测报告。

(7) 检测单位应当将存在工程安全问题、可能形成质量隐患或者影响工程正常运行的检测结果，以及检测过程中发现的项目法人（建设单位）、勘测设计单位、施工单位、监理单位违反法律、法规和强制性标准的情况，及时报告委托方和具有管辖权的水行政主管部门或者流域管理机构。

(8) 检测单位应当建立档案管理制度。检测合同、委托单、原始记录、质量检测报告应当按年度统一编号，编号应当连续，不得随意抽撤、涂改。

(9) 检测单位应当单独建立检测结果不合格项目台账。

(10) 检测人员应当按照法律、法规和标准开展质量检测工作，并对质量检测结果负责。

5. 主管部门的履责要求

县级以上人民政府水行政主管部门应当加强对检测单位及其质量检测活动的监督检查，主要检查下列内容：

(1) 是否符合资质等级标准。

(2) 是否有涂改、倒卖、出租、出借或者以其他形式非法转让资质等级证书的行为。

(3) 是否存在转包、违规分包检测业务及租借、挂靠资质等违规行为。

(4) 是否按照有关标准和规定进行检测。

(5) 是否按照规定在质量检测报告上签字盖章，质量检测报告是否真实。

(6) 仪器设备的运行、检定和校准情况。

(7) 法律、法规规定的其他事项。

(8) 流域管理机构应当加强对所管辖的水利工程的质量检测活动的监督检查。

(9) 县级以上人民政府水行政主管部门和流域管理机构实施监督检查时，有权采取下列措施：

1) 要求检测单位或者委托方提供相关的文件和资料。

2) 进入检测单位的工作场地（包括施工现场）进行抽查。

3) 组织进行比对试验以验证检测单位的检测能力。

4）发现有不符合国家有关法律、法规和标准的检测行为时，责令改正。

（10）县级以上人民政府水行政主管部门和流域管理机构在监督检查中，可以根据需要对有关试样和检测资料采取抽样取证的方法；在证据可能灭失或者以后难以取得的情况下，经负责人批准，可以先行登记保存，并在5日内作出处理，在此期间，当事人和其他有关人员不得销毁或者转移试样和检测资料。

（11）违反规定，未取得相应的资质，擅自承担检测业务的，其检测报告无效，由县级以上人民政府水行政主管部门责令改正，可并处1万元以上3万元以下的罚款。

（12）隐瞒有关情况或者提供虚假材料申请资质的，审批机关不予受理或者不予批准，并给予警告或者通报批评，2年之内不得再次申请资质。

（13）以欺骗、贿赂等不正当手段取得资质等级证书的，由审批机关予以撤销，3年内不得再次申请，可并处1万元以上3万元以下的罚款；构成犯罪的，依法追究刑事责任。

（14）检测单位违反本规定，有下列行为之一的，由县级以上人民政府水行政主管部门责令改正，有违法所得的，没收违法所得，可并处1万元以上3万元以下的罚款；构成犯罪的，依法追究刑事责任：

1）超出资质等级范围从事检测活动的。

2）涂改、倒卖、出租、出借或者以其他形式非法转让资质等级证书的。

3）使用不符合条件的检测人员的。

4）未按规定上报发现的违法违规行为和检测不合格事项的。

5）未按规定在质量检测报告上签字盖章的。

6）未按照国家和行业标准进行检测的。

7）档案资料管理混乱，造成检测数据无法追溯的。

8）转包、违规分包检测业务的。

（15）检测单位伪造检测数据，出具虚假质量检测报告的，由县级以上人民政府水行政主管部门给予警告，并处3万元罚款；给他人造成损失的，依法承担赔偿责任；构成犯罪的，依法追究刑事责任。

违反规定，委托方有下列行为之一的，由县级以上人民政府水行政主管部门责令改正，可并处1万元以上3万元以下的罚款：

1）委托未取得相应资质的检测单位进行检测的。

2）明示或暗示检测单位出具虚假检测报告，篡改或伪造检测报告的。

3）送检试样弄虚作假的。

（16）检测人员从事质量检测活动中，有下列行为之一的，由县级以上人民政府水行政主管部门责令改正，给予警告，可并处1千元以下罚款：

1）不如实记录，随意取舍检测数据的。

2）弄虚作假、伪造数据的。

3）未执行法律、法规和强制性标准的。

（17）县级以上人民政府水行政主管部门、流域管理机构及其工作人员，有下列行为之一的，由其上级行政机关或者监察机关责令改正；情节严重的，对直接负责的主管人员和其他直接责任人员依法给予行政处分；构成犯罪的，依法追究刑事责任：

1）对符合法定条件的申请不予受理或者不在法定期限内批准的。

2）对不符合法定条件的申请人签发资质等级证书的。

3）利用职务上的便利，收受他人财物或者其他好处的。

4）不依法履行监督管理职责，或者发现违法行为不予查处的。

任务1.3 水利工程质量问题

1.3.1 水利工程质量管理体系

水利工程质量是指在国家和水利行业现行的有关法律、法规、技术标准和批准的设计文件及工程合同中，对兴建的水利工程的安全、适用、经济、美观等特性的综合要求。

水利工程质量实行项目法人（建设单位）负责、监理单位控制、施工单位保证和政府监督相结合的质量管理体制。

水利工程质量由项目法人（建设单位）负全面责任。监理、施工、设计单位按照合同及有关规定对各自承担的工作负责。质量监督机构履行政府部门监督职能，不代替项目法人（建设单位）、监理、设计、施工单位的质量管理工作。水利工程建设各方均有责任和权利向有关部门和质量监督机构反映工程质量问题。

水利工程项目法人（建设单位）、监理、设计、施工等单位的负责人，对本单位的质量工作负领导责任。各单位在工程现场的项目负责人对本单位在工程现场的质量工作负直接领导责任。各单位的工程技术负责人对质量工作负技术责任。具体工作人员为直接责任人。

水利工程建设各单位要积极推行全面质量管理，采用先进的质量管理模式和管理手段，推广先进的科学技术和施工工艺，依靠科技进步和加强管理，努力创建优质工程，不断提高工程质量。

各级水行政主管部门要对提高工程质量作出贡献的单位和个人实行奖励。

水利工程建设各单位要加强质量法制教育，增强质量法制观念，把提高劳动者的素质作为提高质量的重要环节，加强对管理人员和职工的质量意识和质量管理知识的教育，建立和完善质量管理的激励机制，积极开展群众性质量管理和合理化建议活动。

政府对水利工程的质量实行监督的制度。

水利工程按照分级管理的原则由相应水行政主管部门授权的质量监督机构实施质量监督。各级水利工程质量监督机构，必须建立健全质量监督工作机制，完善监督手段，增强质量监督的权威性和有效性。要加强对贯彻执行国家和水利部有关质量法规、规范情况的检查，坚决查处有法不依、执法不严、违法不究以及滥用职权的行为。

水利工程质量监督机构负责监督设计、监理、施工单位在其资质等级允许范围内从事水利工程建设的质量工作；负责检查、督促建设、监理、设计、施工单位建立健全质量体系。按照国家和水利行业有关工程建设法规、技术标准和设计文件实施工程质量监督，对施工现场影响工程质量的行为进行监督检查。

水利工程质量监督实施以抽查为主的监督方式，运用法律和行政手段，做好监督抽查后的处理工作。工程竣工验收前，质量监督机构应对工程质量结论进行核备。未经质量核备的工程，项目法人不得报验，工程主管部门不得验收。根据需要，质量监督机构可委托具有相应资质的检测单位，对水利工程有关部位以及所采用的建筑材料和工程设备进行抽样检测。

1.3.2　水利工程施工质量评定

水利工程施工质量评定的评定程序、检查项目评定、检测项目评定、质量评定结论应按照评定依据进行，对于新建、扩建、改建、加固各类大、中型水利工程（包括配套与附属工程），都要进行水利工程质量评定。

水利工程施工质量等级评定的主要依据如下：

（1）国家及相关行业技术标准。

（2）《水电水利基本建设工程单元工程质量等级评定标准 第1部分：土建工程》（简称《单元工程评定标准》）（DL/T 5113.1—2019）。

（3）经批准的设计文件、施工图纸、金属结构设计图样与技术条件、设计修改通知书、厂家提供的设备安装说明书及有关技术文件。

（4）工程承发包合同中采用的技术标准。

（5）工程施工期及试运行期的试验及观测分析成果。

水利工程质量评定达不到质量要求，就会出现水利工程质量问题，根据水利工程质量问题的大小及危害程度可分为质量事故和质量缺陷。

水利工程质量事故的分类：水利工程质量事故按直接经济损失的大小，检查、处理事故对工期的影响时间长短和对工程正常使用的影响，分为一般质量事故、较大质量事故、重大质量事故、特大质量事故，详见《水利水电工程质量事故分类标准》。

水利工程质量缺陷：在施工过程中，因特殊原因使得工程个别部位或局部发生达不到技术标准和设计要求（但不影响使用），且未能及时进行处理的工程质量缺陷问题（质量评定仍定为合格），应以工程质量缺陷备案形式进行记录备案。

【项目小结】

本项目从实际工程出发，结合水利工程项目，简单介绍水利工程质量检测项目，介绍了水利工程质量的特点，水利工程质量检测的内容，以及水利工程质量检测的管理规定。重点强调水利工程质量检测单位及检测人员、主管单位的基本要求，结合实际工程项目，理论联系实际，让学生更好地掌握水利工程质量检测的基本内容。

【项目1　习题】

1.3　项目1
习题答案

一、判断题

1. 县级以上人民政府水行政主管部门和流域管理机构在监督检查中，可以根据需要对有关试样和检测资料采取抽样取证的方法；在证据可能灭失或者以后难以取得的情况下，经负责人批准，可以先行登记保存，并在5日内作出处理，在此期间，当

事人和其他有关人员不得销毁或者转移试样和检测资料。(　　)

2. 检测单位应当建立档案管理制度。检测合同、委托单、原始记录、质量检测报告应当按年度统一编号，编号应当连续，不得随意抽撤、涂改。(　　)

3. 任何单位和个人不得明示或者暗示检测单位出具虚假质量检测报告，不得篡改或者伪造质量检测报告。(　　)

4. 检测单位应当按照合同和有关标准及时、准确地向委托方提交质量检测报告并对质量检测报告负责。(　　)

5. 资质等级证书有效期为 3 年。有效期届满，需要延续的，检测单位应当在有效期届满 30 日前，向原审批机关提出申请。原审批机关应当在有效期届满前作出是否延续的决定。(　　)

6. 审批机关收到检测单位的申请材料后，应当依法作出是否受理的决定，并向检测单位出具书面凭证；申请材料不齐全或者不符合法定形式的，应当在 5 日内一次告知检测单位需要补正的全部内容。(　　)

7. 检测单位资质原则上每年集中审批一次，受理时间由审批机关提前 6 个月向社会公告。(　　)

8. 水利部负责审批所有检测单位的资质。(　　)

9. 从事水利工程质量检测的专业技术人员（简称检测人员），不需要具备相应的质量检测知识和能力，并按照国家职业资格管理或者行业自律管理的规定取得从业资格，只要会检测就可以。(　　)

10. 检测单位应当按照规定取得资质，并在资质等级许可的范围内承担质量检测业务。(　　)

二、多选题

1. 检测单位应当向审批机关提交下列申请材料（　　）。

A. 水利工程质量检测单位资质等级申请表一式三份

B. 事业单位法人证书或者工商营业执照原件及复印件

C. 计量认证资质证书和证书附表原件及复印件

D. 主要试验检测仪器、设备清单

E. 主要负责人、技术负责人的职称证书原件及复印件，检测人员的从业资格证明材料原件及复印件

2. 县级以上人民政府水行政主管部门和流域管理机构实施监督检查时，有权采取下列措施（　　）。

A. 要求检测单位或者委托方提供相关的文件和资料

B. 进入检测单位的工作场地（包括施工现场）进行抽查

C. 组织进行比对试验以验证检测单位的检测能力

D. 发现有不符合国家有关法律、法规和标准的检测行为时，责令改正

E. 没收检测单位资料

3. 检测单位资质分为（　　）类别。

A. 岩土工程　　　　B. 混凝土工程　　　　C. 金属结构

D. 机械电气　　E. 量测

4. 水利工程质量检测类别有（　　）。

A. 混凝土　　B. 岩土　　C. 量测

D. 金属结构　　E. 机械电气

5. 水利工程质量实行（　　）的质量管理体制。

A. 项目法人（建设单位）负责制

B. 监理单位控制

C. 政府部门的工程质量监督体系

D. 施工单位保证

6. 水利水电工程质量的特点（　　）。

A. 过程的复杂性　　B. 影响因素多　　C. 质量波动大

D. 质量变异大　　E. 终检局限性大

项目 2

水利工程土方检测

【思维导图】

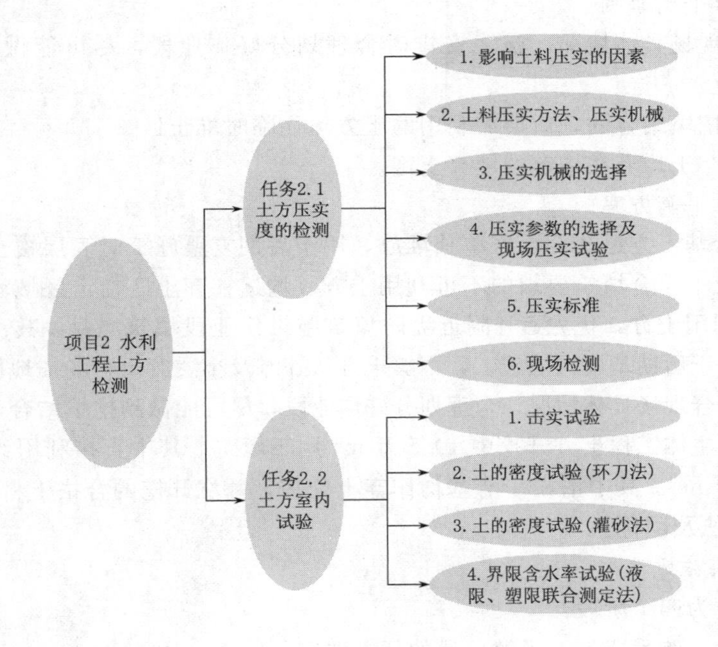

【项目简述】

土方工程检测是土方工程质量控制最重要的方式，也是土方工程施工中重要的工艺过程。土方工程施工的主要工艺首先是场地整平，然后填筑、摊铺、压实、质检。若质检合格就要进行下道工序。水利水电工程、道路工程、桥梁工程、市政工程等都会涉及土方工程的开挖、回填。所以土方工程检测也是水利工程检验最常应用的检测方法。

【项目载体】

1. 土方工程任务

某工程土方工程主要为：泵站基坑土方开挖、土方回填和临时挡水围堰土方填筑及拆除。其中：主体工程土方开挖 10.5 万 m^3，土方填筑 5.4 万 m^3；临时工程主要是临时挡水围堰的填筑和拆除，围堰填筑和拆除 4.0 万 m^3。

2. 土方工程施工组织

该工程土方开挖和填筑量较大。土方施工时，在确保填土质量的前提下，充分利用开挖土方，尽可能少调土回填，做到挖填结合，在满足挖、填、弃土方合理平衡的前提下，尽量避免或减少土方二次搬运，以降低造价，同时确保满足工期要求。同时合理划分好作业段，形成流水作业。

项目部综合分析该工程各结构的相互制约关系、施工场地制约条件、技术要求等因素，采取以泵房基坑土方工程为主，防洪闸、穿堤箱涵基坑土方工程为辅，引渠、清污机桥、前池、出水口等其他基坑土方工程及时跟进施工的顺序，组织该土方工程施工。

3. 土方平衡

(1) 土方平衡原则。

1) 结合现场具体情况，施工安排时合理划分好作业段，尽可能做到挖填结合，形成流水作业。

2) 不能挖填结合的，后期需利用的土方运往临时堆土区。

3) 所有弃土均弃在指定的堆弃土区。

(2) 土方平衡方案。

该工程清基土方运往弃土区单独堆放，用于后期复垦施工时表层覆土。土方开挖的淤泥土方及不符合填筑要求的不可利用土方，均运往弃土区指定区域堆放。符合填筑要求的可利用土方，优先运往附近堤防填筑施工作业段填筑堤身，其次运往临时堆土区堆放，用于后期基坑回填施工，不够土方从外滩及小溪渡土料场征地取土。土方开挖施工时，结合现场具体情况，合理划分好作业段，尽可能做到挖填结合，形成流水作业。具体为：主体工程土方开挖中 10.5 万 m^3 用于填筑，其中直接利用约 9.4 万 m^3，总弃土 0.9 万 m^3。其中清淤、清基均作弃土处理，基坑开挖的合格土料均用于回填。

【项目实施方法及目标】

1. 项目实施方法

本项目分为四个阶段：

第一阶段，熟悉资料，了解项目的任务要求。

第二阶段，任务驱动，学习相关知识，完成知识目标。在此过程中，需要探寻查阅有关资料、规范，完成项目任务实施之前的必要知识储备。

第三阶段，项目具体实施阶段，完成相应教学目标。在这个阶段，可能会遇到许多与之任务相关的问题，因此在本阶段要着重培养学生发现问题、分析问题、解决问题的能力。通过对该项目的学习和实训，能够提高学生的专业知识、专业技能，同时提高学生的整体专业知识的连贯性。

第四阶段，专业检测，填写土方工程检验报告。在这个过程中，培养学生检测动手能力和规范填写检测报告的能力。

2. 项目教学目标

水利工程土方检测项目的教学目标包括知识目标、技能目标和素质目标三个方面。技能目标是核心目标，知识目标是基础目标，素质目标贯穿整个教学过程，是学习掌握项目的重要保证。

(1) 知识目标。

1) 掌握土的密度、含水率、压实度的概念。

2) 掌握土的击实试验的目的、方法。

3) 土的液限、塑限的基本知识。

(2) 技能目标。

1) 能够进行土的密度含水率试验的操作，资料整理。

2) 能够进行土的液限塑限的测定，数据的填报。

3) 能够进行土的击实试验操作，资料整理。

(3) 素质目标。

1) 认真进行相应检测项目的检测任务——科学、认真填写检测结果，培养学生严谨认真的态度，科学务实的求真精神。

2) 对照法规、专业标准、规范、合同约定进行结论判定——培养学生遵纪守法、树立规矩意识。

(4) 现行规范。

1)《土工试验规程》(YS/T 5225—2016)。

2)《水利水电工程单元工程施工质量验收评定标准——混凝土工程》(SL 632—2012)。

3)《水利水电工程单元工程施工质量验收评定标准——水工金属结构安装工程》(SL 635—2012)。

4)《水利水电工程施工质量检验与评定规程》(SL 176—2007)。

5)《水利水电建设工程验收规程》(SL 223—2008)。

(5) 检测报告。

1) 检测报告或者实训报告。学生应根据送检单位的检测任务的要求，按照规范、工程合同约定完成检测任务，出具检测报告；或者根据教学目标任务，填写实训报告。并说明检测成果是否合理，如不合理，列出处理步骤；数据计算方法要求正确，参数取值合理，数据真实可靠，计算结果正确可信。

2) 课后说明。简要说明检测报告的计算依据、方法、目的，并对试验操作过程进行总结，巩固学生学习效果。

任务2.1 土方压实度的检测

2.1.1 影响土料压实的因素

土料压实的程度主要取决于机具能量（压实功）、碾压遍数（压实遍数）、铺土的厚度和土料的含水量（同含水率）等。

土料是由土粒、水和空气三相体所组成，通常固相的土粒和液相的水是不会被压缩的。土料压实就是将被水包围的细土颗粒挤压填充到粗土粒孔隙中去，从而排走空气，使土料的空隙率减小，密实度提高。一般来说，碾压遍数越多，则土料越密实，当碾压到接近土料极限密度时，再进行碾压则起的作用就不明显了。

在同一碾压条件下，土的含水量对碾压质量有直接的影响。当土具有一定含水量时，水的润滑作用使土颗粒间的摩擦阻力减小，从而使土易于密实。但当含水量超过某一限度时，土中的孔隙全由水来填充而呈饱和状态，反而使土难以压实。图2.1中曲线最高点所对应的含水量即为土料压实的最优含水量，即土料在这样含水量的条件下，所得到的土料密实度为最大。

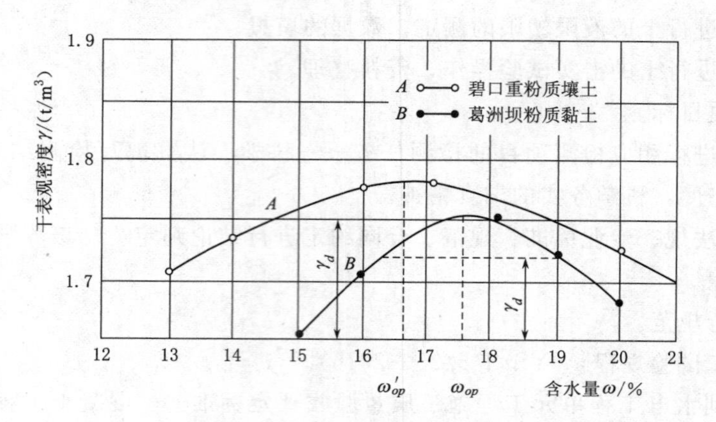

图2.1 土的干表观密度与含水量的关系曲线

2.1.2 土料压实方法、压实机械

1. 压实方法

土料的物理力学性能不同，压实时要克服的压实阻力也不同。黏性土的压实主要是克服土体内的凝聚力，非黏性土的压实主要是克服颗粒间的摩擦力。压实机械作用于土体上的外力有静压碾压、夯击和振动碾压三种，如图2.2所示。

（1）静压碾压：作用在土体上的外荷不随时间而变化，如图2.2（a）所示。

（2）夯击：作用在土体上的外力是瞬间冲击力，其大小随时间而变化，如图2.2（b）所示。

（3）振动碾压：作用在土体上的外力随时间作周期性的变化，如图2.2（c）所示。

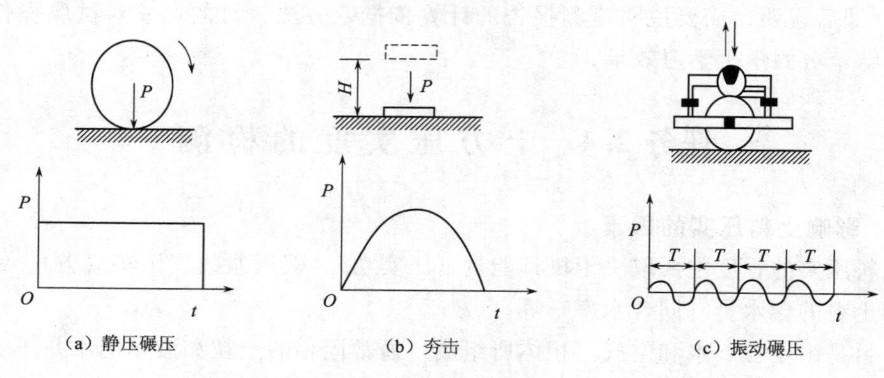

图2.2 土料的压实外力

2. 压实机械

在碾压式的小型土坝施工中，常用的碾压机具有平碾、肋形碾，也有用重型履带式拖拉机作为碾压机具使用的。碾压机具主要是靠沿土面滚动时碾滚本身的重量，在短时间内对土体产生静荷重作用，使土粒互相移动而达到密实。

（1）平碾。

平碾的构造如图 2.3（a）所示。钢铁空心滚筒侧面设有加载孔，加载大小根据设计要求而定。平碾碾压质量差，效率低，较少采用。

（2）肋形碾。

肋形碾的构造如图 2.3（b）所示。一般采用钢筋混凝土预制。肋形碾单位面积压力较平碾大，压实效果比平碾好，用于黏性土的碾压。

（3）羊脚碾。

羊脚碾的构造如图 2.3（c）所示。其碾压滚筒表面设有交错排列的羊脚。钢铁空心滚筒侧面设有加载孔，加载大小根据设计要求而定。

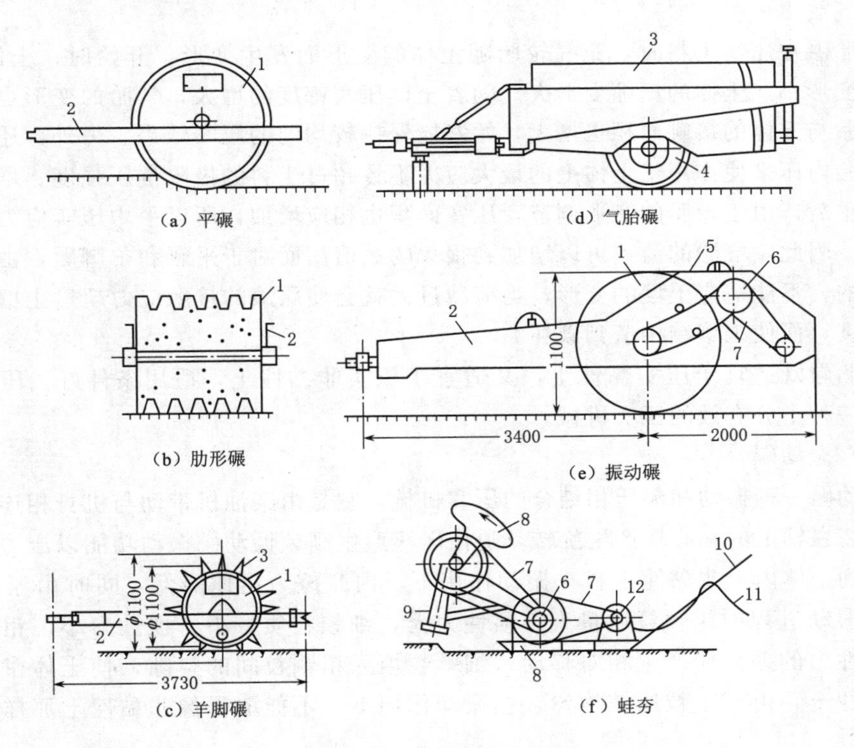

图 2.3 常用土方压实机械

1—碾滚；2—机架；3—羊脚；4—充气轮胎；5—压重箱；6—主动轮；7—传动皮带；8—偏心块；9—夯头；10—扶手；11—电缆；12—电动机

羊脚碾的羊脚插入土中，不仅使羊脚底部的土体受到压实，而且使其侧向土体受到挤压，从而达到均匀压实的效果。碾筒滚动时，表层土体被翻松，有利于上下层间结合。但对于非黏性土，由于插入土体中的羊脚使无黏性颗粒产生向上和侧向移动，会降低压实效果，所以羊脚碾不适于非黏性土的压实。

羊脚碾的碾压遍数，可按土层表面都被羊脚压过一遍，即可达到压实要求考虑。所以，碾压遍数 n 可用下式计算，即

$$n=K\frac{S}{mF} \tag{2.1}$$

式中　K——考虑羊脚碾在碾压时分布不均匀的修正系数，一般取 1.3；

S——滚筒表面面积，cm^2；

m——滚筒上羊脚的个数；

F——每个羊脚的底面积，cm^2。

（4）气胎碾。

气胎碾是一种拖式碾压机械，分单轴和双轴两种。单轴气胎碾的主要构造是由装载荷载的金属车厢和装在轴上的 4～6 个充气轮胎组成。碾压时在金属车厢内加载同时将气胎充气至设计压力。为避免气胎损坏，停工时用千斤顶将金属车厢顶起，并把胎内的气放出一些。

气胎碾在压实土料时，充气轮胎随土体的变形而发生变形。开始时，土体很松，轮胎的变形小，土体的压缩变形大。随着土体压实密度的增大，气胎的变形也相应增大，气胎与土体的接触面积也增大，始终能保持较均匀的压实效果。另外，还可通过调整气胎内压来使作用于土体上的最大应力不致超过土料的极限抗压强度。增加轮胎上的荷重后，由于轮胎的变形调节，压实面积也相应增加，所以平均压实应力的变化并不大。因此，气胎的荷重可以增加到很大的数值。而对于平碾和羊脚碾，由于碾滚是刚性的，不能适应土壤的变形，当荷载过大就会使碾滚的接触应力超过土壤的极限抗压强度，而使土壤结构遭到破坏。

气胎碾既适宜于压实黏性土，又适宜于压实非黏性土，适用条件好，压实效率高，是一种十分有效的压实机械。

（5）振动碾。

振动碾一种振动和碾压相结合的压实机械，它是由柴油机带动与机身相连的轴旋转，使装在轴上的偏心块产生旋转，迫使碾滚产生高频振动。振动功能以压力波的形式传递到土体内。非黏性土料在振动作用下，内摩擦力迅速降低，同时由于颗粒不均匀，振动过程中粗颗粒质量大、惯性力大，细颗粒质量小、惯性力小。粗细颗粒由于惯性力的差异而产生相对移动，细颗粒填入粗颗粒间的空隙，使土体密实。而对于黏性土，由于土粒比较均匀，在振动作用下，不能取得像非黏性土那样的压实效果。

（6）蛙夯。

蛙夯是利用冲击作用来压实土方，具有单位压力大、作用时间短的特点，既可用来压实黏性土，也可用来压实非黏性土。蛙夯由电动机带动偏心块旋转，在离心力的作用下带动夯头上下跳动而夯击土层。夯击作业时各夯之间要套压，如图 2.3（f）所示。一般用于施工场地狭窄、碾压机械难以施工的部位。

以上碾压机械碾压实土料的方法有两种：圈转套压法和进退错距法，如图 2.4

所示。

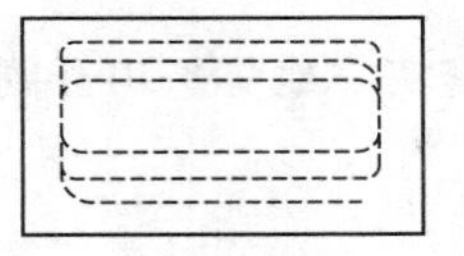
(a) 圈转套压法

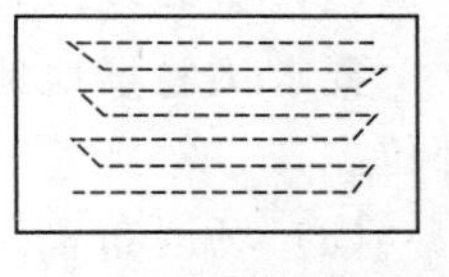
(b) 进退错距法

图2.4 碾压方式

1）圈转套压法：碾压机械从填方一侧开始，转弯后沿压实区域中心线另一侧返回，逐圈错距，以螺旋形线路移动进行压时。这种方法适用于碾压工作面大，多台碾具同时碾压，生产效率高。但转弯处重复碾压过多，容易引起超压剪切破坏，转角处易漏压，难以保证工程质量。

2）进退错距法：碾压机械沿直线错距进行往复碾压。这种方法操作简单，容易控制碾压参数，便于组织分段流水作业，漏压重压少，有利于保证压实质量。此法适用于工作面狭窄的情况。

由于振动作用，振动碾的压实影响深度比一般碾压机械大1～3倍，可达1m以上。它的碾压面积大，生产率高。振动碾压实效果好，使非黏性土料的相对密实度大为提高，坝体的沉陷量大幅度降低，稳定性明显增强，使土工建筑物的抗震性能大为改善。故抗震规范明确规定，对有防震要求的土工建筑物必须用振动碾压实。振动碾结构简单，制作方便，成本低廉，生产率高，是压实非黏性土石料的高效压实机械。

2.1.3 压实机械的选择

选择压实机械主要考虑如下原则：

(1) 适应筑坝材料的特性。黏性土应优先选用气胎碾、羊脚碾；砾质土宜用气胎碾、蛙夯；堆石与含有特大粒径的砂卵石宜用振动碾。

(2) 应与土料含水量、原状土的结构状态和设计压实标准相适应。对含水量高于最优含水量1%～2%的土料，宜用气胎碾压实；当重黏土的含水量低于最优含水量，原状土天然容重高并接近设计标准，宜用重型羊脚碾、蛙夯；当含水量很高且要求压实标准较低时，黏性土也可选用轻型的肋形碾、平碾。

(3) 应与施工强度大小、工作面宽窄和施工季节相适应。气胎碾、振动碾适用于生产要求强度高和抢时间的雨季作业；夯击机械宜用于坝体与岸坡或刚性建筑物的接触带、边角和沟槽等狭窄地带。冬季作业选择大功率、高效能的机械。

(4) 应与施工单位现有机械设备情况和习用某种设备的经验相适应。

2.1.4 压实参数的选择及现场压实试验

1. 土料填筑要求

根据压实度要求确定合适的施工机具、铺土厚度、土料含水量等参数，项目部施工前将对填土进行试验，测定各参数值，作为施工的依据。

2. 现场压实试验

(1) 试验原理。

试验的基本原理是采用逐渐收敛法。进行试验时，先根据击实试验确定最优含水量，变动铺土厚度及碾压遍数共3次，确定最优含水量下最佳铺土厚度及最佳碾压遍数。如天然含水量过大，则进行翻晒，使之接近最优含水量。

（2）试验场地选择。

要求试验场地地面密实，地势平坦开阔，可以在建筑物附近或在建筑物的不重要部位。

（3）场地布置。

一般布置成60m×6m的条带形，然后将此条带等分为4段，每段长15m，各段含水量依次为ω_1、ω_2、ω_3、ω_4，其误差不超过1%，再将每段沿长边等分为4块，段内各块规定碾压遍数依次为n_1、n_2、n_3、n_4，如图2.5所示。

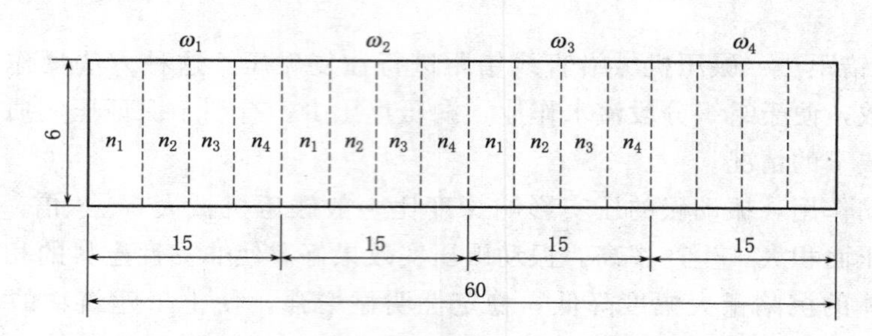

图2.5 土料压实试验场地布置示意图

压实试验土料的含水量可根据土料性质分别确定。黏性土料一般采用四种含水量：$\omega_1=\omega_p-4\%$，$\omega_1=\omega_p-2\%$，$\omega_1=\omega_p$，$\omega_1=\omega_p+2\%$，ω_p为土的塑性下限。

试验的铺土厚度和压实遍数，可参照表2.1的数据选用。

表2.1 试验的铺土厚度和压实遍数

序号	压实机械名称	铺松土厚度 h /cm	碾压遍数 n	
			黏性土	非黏性土
1	80型履带拖拉机	10—13—16	6—8—10—12	4—6—8—10
2	10t平碾	16—20—24	4—6—8—10	2—4—6—8
3	5t双联羊脚碾	19—23—27	8—11—14—18	
4	30t双联羊脚碾	50—25—65	4—6—8—10	
5	13.5t振动碾	75—100—150		2—4—6—8
6	25t气胎碾	28—34—40	4—6—8—10	2—4—6—8
7	50t气胎碾	40—50—60	4—6—8—10	2—4—6—8
8	2～3t夯板	80—100—150	2—4—6	2—3—4

（4）现场碾压试验记录。

试验时依次按规定碾压遍数进行碾压。将每段压n_1遍的小块各取9个试样组成一组，依次对各段压n_2、n_3、n_4遍的小块，各取9个试样，组成相应的组，然后分别测定其含水量和干表观密度。以上试验是在同一铺土厚度下进行的，如果要确定不同铺土厚度的压实参数，试验在不同铺土厚度的地段进行。试验土料的土质，含水量应与筑坝土料一致。现场碾压试验记录可填入干表观密度测定成果表，如表2.2所示。

表 2.2　　　　干表观密度测定成果表

h \ ω \ n	h_1				h_2				h_3				h_4			
	ω_1	ω_2	ω_3	ω_4	ω_1	ω_2	ω_3	ω_4	ω_1	ω_2	ω_3	ω_4	ω_1	ω_2	ω_3	ω_4
n_1																
n_2																
n_3																
n_4																

(5) 碾压试验成果整理分析。

根据上述碾压试验成果，进行综合整理分析，以确定满足设计干表观密度要求的最合理碾压参数，步骤如下：

1）根据干表观密度量测定成果表，绘制不同铺土厚度，不同压实遍数土料含水量和干表观密度的关系曲线，如图 2.6 所示。

2）从图 2.6 上查出最大干表观密度对应的最优含水量，填入最大干表观密度与最优含水量汇总表，如表 2.3 所示。

3）根据表 2.3 绘制出铺土厚度、压实遍数和最优含水量、最大干表观密度关系曲线，如图 2.7 所示。

4）根据设计干表观密度 γ_d，从图 2.6 曲线上别查出不同铺土厚度时所对应的压实遍数 a、b、c 和最优含水量 d、e、f，分别计算 h_1/a、h_2/b 及 h_3/c 之值（即单位压实遍数的压实厚度）进行比较，以单位压实遍数的压实厚度最大者为最经济合理。

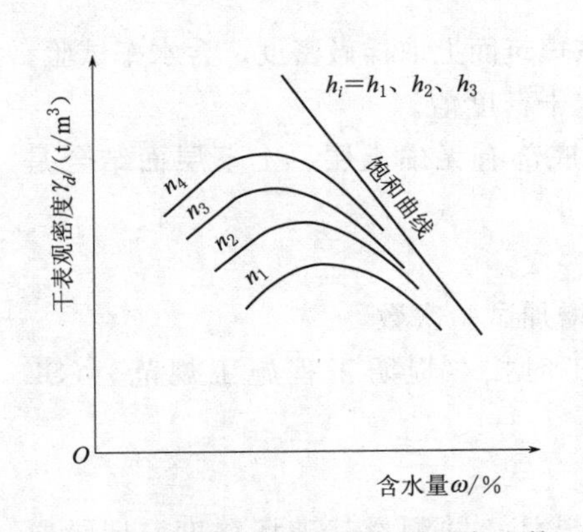

图 2.6　不同铺土厚度、不同压实遍数土料含水量和干表观密度的关系曲线

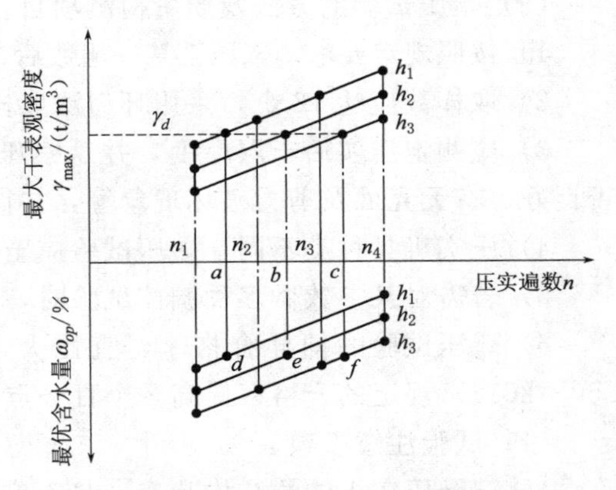

图 2.7　铺土厚度、压实遍数、最优含水量、最大干表观密度的关系曲线

表 2.3　　　　最大干表观密度与最优含水量汇总表

h	h_1				h_2				h_3				h_4			
n	n_1	n_2	n_3	n_4	n_1	n_2	n_3	n_4	n_1	n_2	n_3	n_4	n_1	n_2	n_3	n_4
最大干表观密度																
最优含水量																

对于非黏性土料的压实试验，也可用上述类似的方法进行，但因含水量的影响较小，可以不作考虑。根据试验成果，按不同铺土厚度绘制干表观密度（或相对密度）与压实遍数的关系曲线，然后根据设计干表观密度（或相对密度）即可由曲线查得在某种铺土厚度情况下所需的压实遍数，再选择其中压实工作量最小的（即单位压实遍数的压实厚度最大者），取其铺土厚度和压实遍数作为施工的依据。

选定经济压实厚度和压实遍数后，应首先核对是否满足压实标准的含水量要求，然后将选定的含水量控制范围与天然含水量比较，看是否便于施工控制，否则可适当改变含水量和其他参数。有时对同一种土料采用两种压实机具、两种压实遍数是最经济合理的。

3. 碾压试验的目的、基本要求、方法及质量检测项目、注意事项

（1）碾压试验的目的。

1）核查土料压实后是否能够达到设计压实干密度值。

2）检查压实机具的性能是否满足施工要求。

3）选定合理的施工压实参数：铺土厚度、土块限制直径、含水量的适宜范围、压实方法和压实遍数。

4）确定有关质量控制的技术要求和检测方法。

（2）碾压试验的基本要求。

1）试验应在开工前完成。

2）试验所用的土料应具有代表性，并符合设计要求。

3）试验时采用的机具应与施工时使用机具的类型、型号相同。

（3）碾压试验的方法及质量检测项目。

1）按照规定要求，碾压至某一遍数后，相应在填筑面上取样做密度、含水率试验。

2）取样数应达 12 个，采用环刀法取样，测定干密度值。

3）应测定压实后土层厚度，并观察压实土层底部有无虚土层、上下层面结合是否良好、有无光面及剪力破坏现象等，并作记录。

4）压实机具种类不同，碾压试验应至少各做一次。

5）若需对某参数做多种调控试验时，应适当增加试验次数。

6）碾压试验的抽样合格率，宜比大规模施工时按《堤防工程施工规范》（SL 260—2014）规定的合格率提高 3 个百分点。

（4）试验注意事项。

1）记录压实土体的结构状态，是否产生剪力破坏，并测量其破坏深度，记录原状土结构破坏情况。

2）观察碾压的工作情况，如土料是否粘碾，表面土层随碾压的翻动情况等。

2.1.5 压实标准

土方的压实标准是根据设计要求通过试验提出来的。对于黏性土，在施工现场是以压实度作为压实指标来控制填方质量的。对于非黏性土则以土料的相对密度来控制。由于在施工现场用相对密度来进行施工质量控制不方便，往往将相对密度换算成干表观密度作为现场控制质量的依据。

1. 细粒土压实标准

黏性土存在最优含水量 ω_{op}，在填土施工中应该将土料的含水量控制在 ω_{op} 左右，得到 $\rho_{d\max}$，通常按式（2.2）计算。

$$\omega_1 = \omega_p \pm 2\% \tag{2.2}$$

式中 ω_1——土的含水率，%；

ω_p——土的塑限，%。

工程上常采用压实度 λ_c 作为填方密度控制标准，其计算公式为

$$\lambda_c = \frac{\rho_d}{\rho_{d\max}} \tag{2.3}$$

式中 λ_c——土的压实度；

ρ_d——填土的干密度，g/cm^3；

$\rho_{d\max}$——土的设计干密度，g/cm^3。

2. 粗粒土压实特性与标准

（1）压实特性。

由于粗粒土压实曲线和细粒土不同，对粗粒土，击实过程中可以自由排水，在潮湿状态下存在着假凝聚力，加大了阻力，不存在最优含水量；所以在完全风干或饱和两种情况下易于压实；潮湿状态下，ρ_d 明显降低。

（2）压实标准。

压实标准采用相对密度控制，相对密度 Dr 应大于 0.75。

施工过程中要么风干，要么就充分洒水，使土料饱和，土料才容易压实。

2.1.6 现场检测

根据碾压试验确定的压实参数，进行现场土方工程的施工，包含填筑、摊铺、压实、质检。每一层土都要按照规范、合同约定的设计标准，确定压实质量是否满足要求。

（1）取样试验。

1）试验土料铺好后，测量铺土厚度、含水量。

2）压实后有效压实土层的厚度。

3）测定压实后的干表观密度、含水量：测量点数不少于 25 个，并均匀分布于试验土层。

4）试验过程中取一定数量的代表性试样，进行室内物理力学性质试验。

（2）检查项目。

以土石坝为例，坝体填筑质量应按有关规定检查以下项目是否符合要求：

1）各填筑部位的边界控制及坝料质量，防渗体与反滤料、部分坝壳料的平起关系。

2）碾压机具规格、质量，振动碾振动频率、激振力，气胎碾气胎压力等。

3）铺料厚度和碾压参数。

4）防渗体碾压层面有无光面、剪切破坏、弹簧土、漏压或欠压土层、裂缝等。

5）防渗体每层铺土前，压实土体表面是否按要求进行了处理。

6）与防渗体接触的岩石上之石粉、泥土及混凝土表面的乳皮等杂物的清除情况。

7）与防渗体接触的岩石或混凝土面上是否涂浓泥浆等。

8）过渡料、堆石料有无超径石、大块石集中和夹泥等现象。

9）坝体与坝基、岸坡、刚性建筑物等的结合，纵横向接缝的处理与结合，土砂结合处的压实方法及施工质量。

10）坝坡控制情况。

（3）防渗体压实控制指标采用干密度、含水率或压实度（D）。反滤料、过渡料及砂砾料的压实控制指标采用干密度或相对密度（Dr）。堆石料的压实控制指标采用孔隙率（n）。

（4）坝体压实检查项目及取样次数见表2.4。取样试坑必须按坝体填筑要求回填后，方可继续填筑。

表2.4　　坝体压实检查项目及取样次数

坝料类别及部位			检查项目	取样次数
防渗体黏性	黏性土	边角夯实部位	干密度、含水率	2～3次/层
		碾压面		1次/(100～200m³)
		均质坝		1次/(200～500m³)
	砾质土	边角夯实部位	干密度、含水率、粒径大于5mm的砾石含量	2～3次/层
		碾压面		1次/(200～500m³)
反滤料			干密度、颗粒级配、含泥量	1次/(200～500m³)，每层至少1次
过渡料			干密度、颗粒级配	1次/(500～1000m³)，每层至少1次
坝壳砂砾（卵）料			干密度、颗粒级配	1次/(5000～10000m³)，每层至少1次
坝壳砾质土			干密度、含水率 小于5mm含量	1次/(3000～6000m³)，每层至少1次
堆石料			干密度、颗粒级配	1次/(10000～100000m³)，每层至少1次

2.1　某工程压实度检测记录表

（5）试验成果整理。

试验完成后，应及时将试验资料进行整理分析，判定压实结果合格，若压实质量达不到设计要求，应分析原因，提出解决措施。

任务2.2　土方室内试验

2.2.1　击实试验

1. 试验目的

在击实方法下测定土的最大干密度和最优含水率，是控制路堤、土坝和填土地基等土方密实度的重要指标。

2. 试验原理

土的压实程度与含水率、压实功能和压实方法有密切的关系。当压实功能和压实方法不变时，土的干密度随含水率的增加而增加，当干密度达到某一最大值后，含水率若继续增加反而使干密度减小。能使土达到最大密度的含水率，称为最优含水率 ω_{op}，与其相应的干密度称为最大干密度 $\rho_{d\max}$。

3. 击实方法

(1) 轻型击实：适用于粒径小于 5mm 的细粒土，锤底直径为 51mm，击锤质量为 2.5kg，落距为 30cm，单位体积击实功为 592.2kJ/m³；Ⅰ-1 分 3 层夯实，每层 27 击，最大粒径 20mm；Ⅰ-2 分 3 层夯实，每层 25 击，最大粒径 40mm。

(2) 重型击实：适用于细粒土，锤底直径为 5cm，击锤质量为 4.5kg，落距为 45cm，单位体积击实功为 2684.9kJ/m³；Ⅱ-1 分 5 层夯实，每层 56 击，最大粒径 20mm；Ⅱ-2 分 3 层夯实，每层 94 击，最大粒径 40mm。

4. 仪器设备

(1) 击实仪：主要由击实筒和击锤组成，如图 2.8 所示。

(2) 烘箱及干燥器。

(3) 天平：称量 200g，最小分度值为 0.01g。

(4) 台秤：称量 10kg，最小分度值为 5g。

(5) 标准筛：孔径为 40mm、20mm 和 5mm。

(6) 其他：喷水设备、碾土设备、盛土盘、土铲、修土刀、平直尺、量筒、削土刀、试样推出器等。

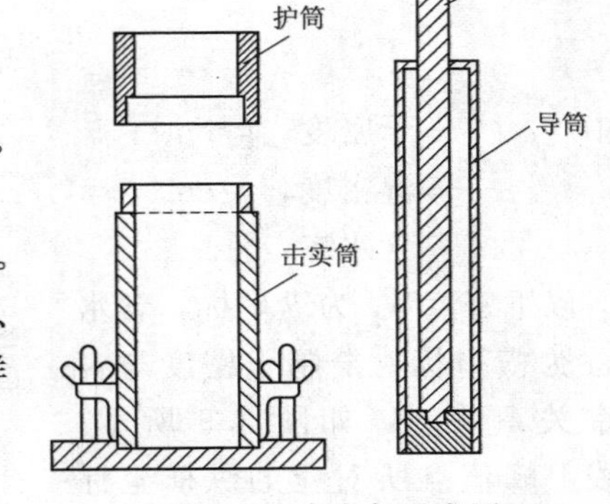

图 2.8 击实仪示意图

5. 操作步骤

(1) 制备土样：取代表性风干土样，放在橡皮板上用木碾碾散，过 5mm 筛，土样量不少于 20kg。

(2) 加水拌和：预定 5 个不同含水率，依次相差 2%，其中有两个大于和两个小于最优含水率。

所需加水量按下式计算：

$$m_w=\frac{m_{wo}}{1+\omega_o}(\omega-\omega_o) \tag{2.4}$$

式中 m_w——所需加水质量，g；

m_{wo}——风干含水率时土样的质量，g；

ω_o——土样的风干含水率，%；

ω——预定达到的含水率，%。

按预定含水率制备试样，每个试样取 2.5kg，平铺于不吸水的平板上，用喷水设备向土样均匀喷洒预定的加水量，并均匀拌和。

(3) 分层击实：取制备好的试样 600～800g，倒入筒内，整平表面，击实 25 次，每层击实后土样约为击实筒容积 1/3。击实时，击锤应自由落下，锤迹须均匀分布于土面。重复上述步骤，进行第二、三层的击实。击实后试样略高出击实筒（不得大于 6mm）。

(4) 称土质量：取下套环，齐筒顶细心削平试样，擦净筒外壁，称土质量，精确至 0.1g。

(5) 测含水率：用推土器推出筒内试样，从试样中心处取 2 个各约 15～30g 土样，测定含水率，平行差值不得超过1%。按（2）～（4）步骤进行其他不同含水率试样的击实试验。

6．试验注意事项

（1）试验前，击实筒内壁要涂一层凡士林。

（2）击实一层后，用刮土刀把土样表面刨毛，使层与层之间压密，同理，其他两层也是如此。

（3）如果使用电动击实仪，则必须注意安全。打开仪器电源后，手不能接触击实锤。

7．计算及绘图

按下式计算干密度

$$\rho_d=\frac{\rho}{1+\omega} \tag{2.5}$$

式中　ρ_d——干密度，g/cm³；

ρ——湿密度，g/cm³；

ω——含水率，%。

以干密度 ρ_d 为纵坐标，含水率 ω 为横坐标，绘制干密度与含水率关系曲线，如图2.9所示。曲线上峰值点所对应的纵横坐标分别为土的最大干密度和最优含水率。如曲线不能绘出准确峰值点，应进行补点。

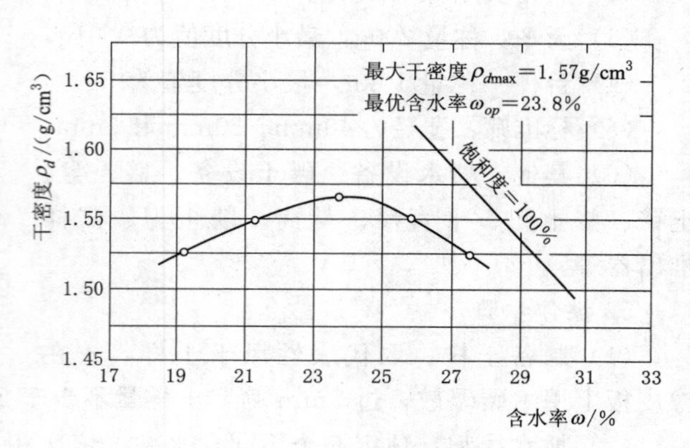

图2.9　ρ_d-ω 关系曲线

8．试验记录（表2.5）

表2.5　　**击实试验记录表**

工程名称：________　　试验者：________

工程编号：________　　计算者：________

试验日期：________　　校核者：________

编号	干密度					含水率							
	筒加土质量/g	筒质量/g	湿土质量/g	密度/(g/cm³)	干密度/(g/cm³)	盒号	盒加湿土质量/g	盒加干土质量/g	盒质量/g	湿土质量/g	干土质量/g	含水率/%	平均含水率/%
	(1)	(2)	(3)	(4)	(5)		(6)	(7)	(8)	(9)	(10)	(11)	(12)
			(1)−(2)	$\frac{(3)}{V}$	$\frac{(4)}{1+0.01\times(12)}$					(5)−(8)	(7)−(8)	$\left(\frac{(9)}{(10)}-1\right)\times100$	

续表

编号	干密度					含水率						
	筒加土质量/g	筒质量/g	湿土质量/g	密度/(g/cm³)	干密度/(g/cm³)	盒号	盒加湿土质量/g	盒加干土质量/g	盒质量/g	湿土质量/g	干土质量/g	含水率/%	平均含水率/%
	(1)	(2)	(3)	(4)	(5)	(6)	(7)	(8)	(9)	(10)	(11)	(12)
			(1)−(2)	$\frac{(3)}{V}$	$\frac{(4)}{1+0.01\times(12)}$				(5)−(8)	(7)−(8)	$\left(\frac{(9)}{(10)}-1\right)\times 100$	
最大干密度/(g/cm³)				最优含水率/%		校正后的最大干密度/(g/cm³)				校正后的最优含水率/%		

注 V 表示击实筒的内体积。

2.2.2 土的密度试验（环刀法）

2.2 最大干密度和最优含水率检测报告

1. 试验目的

测定土的湿密度，以了解土的疏密和干湿状态，供换算土的其他物理性质指标和工程设计以及控制施工质量之用。

2. 试验原理

土的湿密度 ρ 是指土的单位体积质量，是土的基本物理性质指标之一，其单位为 g/cm^3。环刀法是采用一定体积环刀切取土样并称土质量的方法，环刀内土的质量与体积之比即为土的密度。密度试验方法有环刀法、蜡封法、灌水法和灌砂法等。对于细粒土，宜采用环刀法；对于易碎裂、难以切削的土，可用蜡封法；对于现场粗粒土，可用灌水法或灌砂法。

3. 仪器设备

(1) 环刀：内径 6～8cm，高 2～3cm。

(2) 天平：称量 500g，分度值 0.01g。

(3) 其他：切土刀、凡士林等。

4. 操作步骤

(1) 量测环刀：取出环刀，称出环刀的质量，并涂一薄层凡士林。

(2) 切取土样：将环刀的刀口向下放在土样上，然后用切土刀将土样削成略大于环刀直径的土柱，将环刀垂直下压，边压边削使土样上端伸出环刀为止，然后将环刀两端的余土削平。

(3) 土样称量：擦净环刀外壁，称出环刀和土的质量。

5. 试验注意事项

(1) 称取环刀前，把土样削平并擦净环刀外壁。

(2) 如果使用电子天平称重则必须预热，称重时精确至小数点后两位。

6. 计算公式

按下列公式计算土的湿密度：

$$\rho=\frac{m}{V}=\frac{m_1-m_2}{V} \tag{2.6}$$

式中 ρ——密度，计算至 $0.01g/cm^3$；

m——湿土质量，g；

m_1——环刀加湿土质量，g；

m_2——环刀质量，g；

V——环刀体积，cm^3。

密度试验需进行二次平行测定，其平行差值不得大于 $0.03g/cm^3$，取其算术平均值。

7. 试验记录（表2.6）

表2.6 密度试验记录表（环刀法）

工程名称：______ 试验者：______

工程编号：______ 计算者：______

试验日期：______ 校核者：______

试样编号	环刀号	湿土质量 /g	试样体积 /cm^3	湿密度 /(g/cm^3)	试样含水率 /%	干密度 /(g/cm^3)	平均干密度 /(g/cm^3)

2.2.3 土的密度试验（灌砂法）

1. 试验的目的和适用范围

本方法适用于现场测定细粒土、砂类土和砾类土的密度。试样的最大粒径不得大于15mm，测定密度层的厚度为150～200mm。

在测定细粒上的密度时，可以采用直径为100的小型罐砂筒。如最大粒径超过15mm，则应相应地增大灌砂筒和标定罐的尺寸，例如，粒径达40～60mm的粗粒上，灌砂筒和现场试洞的直径应为150～200mm。

2. 仪器设备

(1) 灌砂筒：内径为100mm，总高360mm。灌砂筒分上下两部分：上部为储砂筒，筒深270mm（容积约2120cm^3），筒底中心有一个直径为10mm的圆孔；下部装一倒置的圆锥形漏斗。在储砂筒筒底与漏斗顶端铁板之间设有开关。

(2) 标定罐：内径100mm，高150mm和200mm的金属罐各一个，上端周围有一罐缘。

由于某种原因，试坑是150mm或200mm时，标定罐的深度应与拟挖试坑深度相同。

(3) 基板：一个边长350mm，深40mm的金属方盘，盘中心有一直径为100mm的圆孔。

(4) 打洞及取土的合适工具：如凿子、铁锤、长把勺、毛刷等。

(5) 玻璃板：边长800mm的方形板。

(6) 饭盒若干或比较结实的塑料袋若干。

(7) 台秤：称量10～15kg，感量5g。

(8) 其他：铝盒、天平、烘箱等。

3. 量砂

粒径为0.25～0.5mm清洁干燥的均匀砂约20～40kg。应先烘干，并放置足够时间，使其与空气的湿度达到平衡。

4. 仪器标定

确定灌砂筒下部锥体砂的质量，其步骤如下：

(1) 在灌砂筒内装满量砂。筒内砂的高度与筒顶的距离不超过15mm。称筒内砂的质量m_1，精确至1g。每次标定及以后的试验都维持这个质量不变。

(2) 将开关打开，让砂流出，并使流出的砂的体积与工地所挖试洞的体积相当(或等于标定罐的容积。然后关上开关，并称量砂的质量m_5，精确至1g。

(3) 将灌砂筒放在玻璃板上，打开开关，让砂流出，直到筒内砂不再下流时，关上开关，并细心地取走灌砂筒。

(4) 收集并称量留在玻璃板或称量筒内的砂，精确至1g。玻璃板上的砂就是灌砂筒内的锥砂。

(5) 重复上述试验至少3次。最后取其平均值m_2，精确至1g。

5. 标定量砂的密度（g/cm^3）

(1) 用水确定标定罐的容积V（cm^3）。

将空罐放在台秤上，使罐的上口处于水平状态，读记罐的质量m_7，精确至1g。向标定罐内灌水，将一直尺放在罐顶，当罐中水面快要接近直尺时，用滴管往罐中加水，直到水面接触直尺。移去直尺，测罐和水的总质量m_8。重复测量时，仅需用滴管从罐中取出少量水，并用滴管重新将水加满到接触直尺。标定罐的体积按下式计算：

$$V=m_8-m_7 \tag{2.7}$$

(2) 在灌砂筒内装入质量为m_1的砂，并将灌砂筒放在标定罐上，打开开关，让砂流出，直到储砂筒内的砂不在下流时，关闭开关。取下灌砂筒，称筒内剩余的砂质量，精确至1g。

（3）重复上述测定，至少三次，最后取其平均值 m_3，精确至1g。

（4）按式（2.8）计算填满标定罐所需砂的质量 m_a（g）。

$$m_a=m_1-m_2-m_3 \tag{2.8}$$

式中 m_1——灌入标定罐前所需砂的质量，g；

m_2——灌砂筒下部锥砂的平均质量，g；

m_3——灌砂入标定罐后，筒内剩余砂的质量，g。

（5）按式（2.9）计算量砂的密度 ρ_s（g/cm^3）。

$$\rho_s=\frac{m_a}{V} \tag{2.9}$$

式中 V——标定罐的体积，cm^3。

6. 试验步骤

（1）在试验地点，选一块约40cm×40cm的平坦表面，并将其清扫干净。将基板放在此平坦表面上。如此表面的粗糙度较大，则将盛有量砂 m_5 的灌砂筒放在基板中间的圆孔上。打开灌砂筒开关，让量砂流入基板的中孔内，直到灌砂筒内的砂不再下流时关闭开关。取下灌砂筒，并称筒内砂的质量 m_6，精确至1g。

（2）取走基板，将留在试验地点的量砂收回，重新将表面清扫干净。将基板放在清扫干净的表面上，沿基板中孔凿洞，洞的直径为100mm。试洞的深度应等于碾压层的厚度。凿洞毕，称全部试样和密封容器的质量，精确至1g。减去已知容器的质量后，即为试样的总质量 m_t。

（3）从挖出的全部试样中取代表性的样品，放入铝盒中，测定其含水量 ω。取样数量：对于细粒土，不少于100g；对于粗粒土，不少于50g。

（4）将基板安放在试洞上，将灌砂筒安放在基板中间（灌砂筒内放满至恒量 m_1），使灌砂筒的下口对准基板中间及试洞。打开灌砂筒开关，让量砂流入试洞内。关闭开关。仔细取走灌砂筒，称灌砂筒内剩余砂的质量 m_4，精确至1g。

（5）如清扫干净的平坦表面上，粗糙度不大，则不需放基板，将灌砂筒直接放在已挖好的试洞上。打开灌砂筒开关，让量砂流入试洞内，关闭开关。仔细取走灌砂筒，称灌砂筒内剩余砂的质量 m_4，精确至1g。

（6）取出试洞内的量砂，以备下次再用。

（7）如试洞中有较大孔隙时，则应按试洞外形，松弛地放入一层柔软的纱布。然后再进行灌砂工作。

7. 试验结果与数据整理

（1）按式（2.10）、式（2.11）计算填满试洞所需量砂的质量 m_b（g）：

灌砂时试洞上放有基板的情况

$$m_b=m_1-m_4-(m_5-m_6) \tag{2.10}$$

灌砂时试洞上不放基板的情况

$$m_b=m_1-m_4-m_2 \tag{2.11}$$

式中 m_1——灌砂入试洞前筒内砂的质量，g；

m_2——灌砂筒下部锥砂的平均质量，g；

m_4——灌砂入试洞后，筒内剩余砂的质量，g；

(m_5-m_6)——灌砂筒下部锥砂及基板和粗糙表面间砂的总质量，g。

(2) 按式 (2.12) 计算试验地点土的湿密度 ρ (g/cm³)：

$$\rho=\frac{m_t}{m_b}\rho_s \tag{2.12}$$

式中 m_t——试洞中取出试样的全部土样的质量，g；

m_b——填满试洞所需砂的质量，g；

ρ_s——量砂的密度，g/cm³。

(3) 按式 (2.13) 计算土的干密度：

$$\rho_d=\frac{\rho}{1+0.01\omega} \tag{2.13}$$

(4) 记录表格，本试验记录格式如表 2.7 所示。

表 2.7　　密度试验记录（灌砂法）

工程名称：________　　试验者：________

土样说明：________　　计算者：________

试验日期：________　　校核者：________

砂的密度：________g/cm³　　锥砂质量：________g

取样桩号							
取样位置							
试洞中湿土样质量/g	m_1						
灌满试洞后剩余砂的质量/g	m_4						
试洞内砂的质量/g	m_b						
湿密度/(g/cm³)							
盒号							
盒+湿土质量/g							
盒+干土质量/g							
盒质量/g							
干土质量/g							
水分质量/g							
含水量/%							
干密度/(g/cm³)							

8. 试验注意事项

(1) 在标定锥砂质量、量砂密度或进行试验时，灌砂筒内的量砂均避免振动、摇晃等。

(2) 在进行标定罐容积标定时，罐外的水一定要擦干。

(3) 试验时，在凿洞过程中，应注意不使凿出的试样丢失，并随时将凿松的试样取出，放在已知质量的密封容器内，防止水分丢失。

（4）若量砂的湿度已发生变化或量砂中混有杂质，则应将量砂重新烘干、过筛，并放置一段时间，使其与空气的湿度达到平衡后再用。

2.2.4 界限含水率试验（液限、塑限联合测定法）

1. 试验目的

测定黏性土的液限 ω_L 和塑限 ω_p，并由此计算塑性指数 I_p、液性指数 I_L，进行黏性土的定名及判别黏性土的软硬程度。

2. 试验原理

液限、塑限联合测定法是根据圆锥仪的圆锥入土深度与其相应的含水率在双对数坐标上具有线性关系的特性来进行测定的。利用圆锥质量为76g的液塑限联合测定仪测得土在不同含水率时的圆锥入土深度，并绘制其关系曲线，在曲线上查得圆锥下沉深度为17mm所对应的含水率即为液限，查得圆锥下沉深度为2mm所对应的含水率即为塑限。

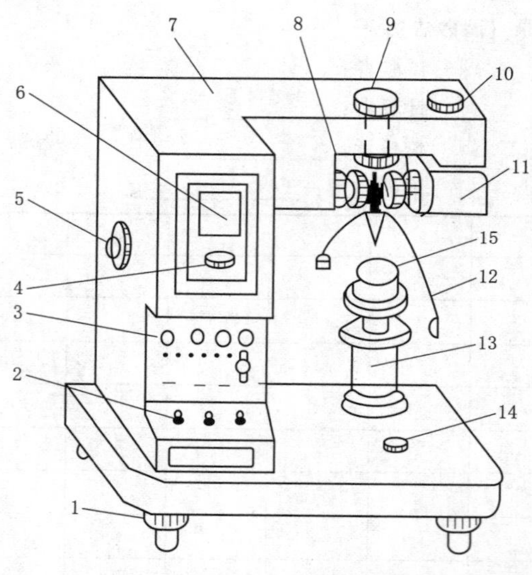

图2.10 光电式液塑限联合测定仪结构示意图
1—水平调节螺丝；2—控制开关；3—指示灯；4—零线调节螺钉；5—反光镜调节螺钉；6—屏幕；7—机壳；8—物镜调节螺钉；9—电池装置；10—光源调节螺钉；11—光源装置；12—圆锥仪；13—升降台；14—水平泡；15—盛土杯

3. 试验设备

（1）液塑限联合测定仪：如图2.10所示，有水平调节螺丝、控制开关、指示灯、零线调节螺钉、反光镜调节螺钉、屏幕、机壳、物镜调节螺钉、电池装置、光源调节螺钉、光源装置、圆锥仪、升降台、水平泡、盛土杯等。

（2）天平：称量200g，分度值0.01g。

（3）其他：调土刀、不锈钢杯、凡士林、称量盒、烘箱、干燥器等。

4. 操作步骤

（1）土样制备：当采用风干土样时，取通过0.5mm筛的代表性土样约200g，分成3份，分别放入不锈钢杯中，加入不同数量的水，然后按下沉深度约为4～5mm，9～11mm，15～17mm范围制备不同稠度的试样。

（2）装土入杯：将制备的试样调拌均匀，填入试样杯中，填满后用刮土刀刮平表面，然后将试样杯放在联合测定仪的升降台上。

（3）接通电源：在圆锥仪锥尖上涂抹一薄层凡士林，接通电源，使电磁铁吸住圆锥。

（4）测读深度：调整升降座，使锥尖刚好与试样面接触，切断电源使电磁铁失磁，圆锥仪在自重下沉入试样，经5s后测读圆锥下沉深度。

（5）测含水率：取出试样杯，测定试样的含水率。

重复（1）～（5）步骤，测定另两个试样的圆锥下沉深度和含水率。

5. 试验注意事项

(1) 土样分层装杯时，注意土中不能留有空隙。

(2) 每种含水率设 3 个测点，取平均值作为这种含水率所对应土的圆锥入土深度，如 3 个测点的下沉深度相差太大，则必须重新调试土样。

6. 计算及绘图

(1) 计算各试样的含水率

$$\omega=\frac{m_\omega}{m_s}\times 100\%=\frac{m_1-m_2}{m_2-m_0}\times 100\% \tag{2.14}$$

(2) 以含水率为横坐标，圆锥下沉深度为纵坐标，在双对数坐标纸上绘制关系曲线，三点连一直线（如图 2.11 中的 A 线）。当三点不在一直线上，可通过高含水率的一点与另两点连成两条直线，在圆锥下沉深度为 2mm 处查得相应的含水率。当两个含水率的差值≥2%时，应重做试验。当两个含水率的差值＜2%时，用这两个含水率的平均值与高含水率的点连成一条直线（如图 2.11 中的 B 线）。

(3) 在圆锥下沉深度与含水率的关系上，查得下沉深度为 17mm 所对应的含水率为液限；查得下沉深度为 2mm 所对应的含水率为塑限。

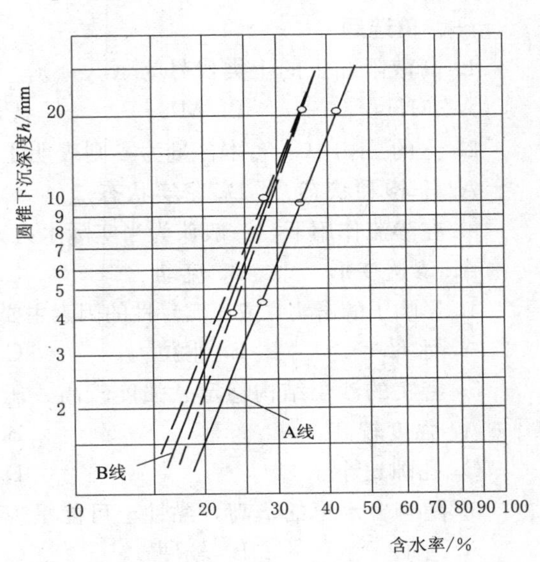

图 2.11 圆锥入土深度与含水率关系

7. 试验记录（表 2.8）

表 2.8 液限、塑限联合试验记录表

工程名称：________ 试验者：________

工程编号：________ 记录者：________

试验日期：________ 校核者：________

试样编号	圆锥下沉深度 /mm	盒号	湿土质量 /g	干土质量 /g	含水率 /%	液限/%	塑限/%	塑性指数
(1)	(2)	(3)	(4)	(5)	(6)	(7)	(8)	(9)

2.3 某水库挡水土石坝环刀压实度试验记录表

任务总结：本任务主要从事土工检测工作，要做到规范、认真、客观的检测土方工程质量。

2.4 项目2 知识型自测题

2.5 项目2 知识型自测题答案

2.6 项目2 习题答案

【项目小结】

本项目从实际工程出发，结合土方工程质量检测项目，介绍了土方质量检测方法、仪器、设备及其操作方法，数据的整理和应用。重点强调水利工程质量检测与验收的规范应用，试验的操作及记录计算；理论联系实际，让学生更好地掌握土方工程质量检测的基本方法和记录计算。

【项目2 习题】

一、单选题

1. 高液限黏土的土类代号为（　　）。

A. MH　　B. ML　　C. CH　　D. CL

2. 土的三相中，气体含量为零则表明土体为（　　）。

A. 非饱和状态　　B. 密实状态　　C. 松散状态　　D. 饱和状态

3. 在渗流作用下，一般认为当实际水力坡降大于临界水力坡降时即发生（　　）。

A. 渗透变形　　B. 流动　　C. 流速　　D. 流量

4. 影响土的击实（或压实）性的因素主要有（　　）、颗粒级配、击实功及土层厚度。

A. 水量　　B. 水位　　C. 含水率　　D. 潮湿

5. 密实的沙土结构稳定、强度较高、压缩性较小，疏松的沙土（　　）。

A. 强度较高　　B. 压缩性小

C. 孔隙比小　　D. 易产生流沙或震动液化

6. 随着含水率的增高，黏性土可能呈现固态、半固态、（　　）和流动状态。

A. 坚硬　　B. 较硬　　C. 稀软　　D. 可塑状态

7. 单位体积干土所受到的重力（重量）称为（　　）。

A. 干重度　　B. 颗粒重量　　C. 干密度　　D. 比重

8. 黏性土的界限含水率不包括（　　）。

A. 缩限　　B. 液限　　C. 塑限　　D. 塑性指数

9. 单位体积土体所具有的质量称为土的（　　）。

A. 密度　　B. 比重　　C. 容重　　D. 重量

10. 影响渗透系数的因素有土质、土颗粒形状和级配、土的矿物成分、土的（　　）等。

A. 疏松　　B. 密实　　C. 湿重度　　D. 密实程度

11. 压实度是压实后的干密度与土料（　　）之比。

A. 湿密度　　B. 最大干密度　　C. 饱和密度　　D. 某固定值

12. 最优含水量随压实功的增大而（　　）。

A. 不变　　B. 减小　　C. 增大　　D. 没规律

13. 影响土的击实（或压实）性的因素主要有含水率、颗粒级配、击实功及（　　）。

A. 水量　　B. 水位　　C. 土层厚度　　D. 潮湿

14. 随着含水率的增高，黏性土可能呈现固态、（　　）、可塑状态和流动状态。

A. 坚硬　　B. 较硬　　C. 稀软　　D. 半固态

15. 可用孔隙比判别无黏性土的密实状态，孔隙比越小土越（　　）。

A. 疏松　　B. 密实　　C. 易压缩　　D. 强度低

16. 土体在干燥状态下，单位体积土体所具有的质量称为（　　）。

A. 土的干密度　　B. 土的比重　　C. 土的重度　　D. 土的重量

二、判断题

1. 天然状态下单位体积（总体积）材料所具有的总重量，称为比重。（　　）

2. 某土样做含水率试验，两次平行测定结果为15.4%和16.2%，则该土样的含水率为15.9%。（　　）

3. 做含水率试验时，若盒质量19.83g，盒加湿土质量60.35g，盒加干土质量45.46g，则含水率为58.1%。（　　）

4. 一原状土样环刀加土的质量161.25g，环刀质量41.36g，环刀体积60cm^3，则土的密度为2.00g/cm^3。（　　）

5. 土的物理性质指标中只要知道了三个指标，其他的指标都可以利用公式进行计算。（　　）

6. 土的饱和度为95.6%，含水率为25.7%，比重为2.73，它的孔隙比为0.734。（　　）

7. 土的密度是反映土含水程度的物理性质的指标。（　　）

8. 土的含水率是土中水的质量与土的固体颗粒质量之比的百分数。（　　）

9. 土的含水率试验方法有烘干法、酒精燃烧法和比重法。（　　）

10. 土越密实，渗透系数越小，抗渗能力越强。（　　）

11. 干密度和干表观密度的单位不同、数值大小不同，都能反映土的密实情况。（　　）

12. 达西通过试验得知：渗透速度与水力坡降的一次方成正比。（　　）

13. 试验得知：同样条件下，随着击实功的增大，最大干密度增大，最优含水率减小。（　　）

14. 无黏性土的密实状态对其工程性质影响不大。（　　）

15. 由于与空气或液体相接触产生的化学反应使岩石分解为细颗粒，且其成分也发生变化，这种质变过程称为化学风化（或称化学作用）。（　　）

16. 塑性指数越大，黏土的塑性变化范围越大，黏土的塑性越好，黏性越大。（　　）

17. 固相（土颗粒）构成土的骨架，土骨架孔隙中被水或气体所充填，水或气体对土的性质起着决定性作用。（　　）

项目 3

水利工程原材料检测

【思维导图】

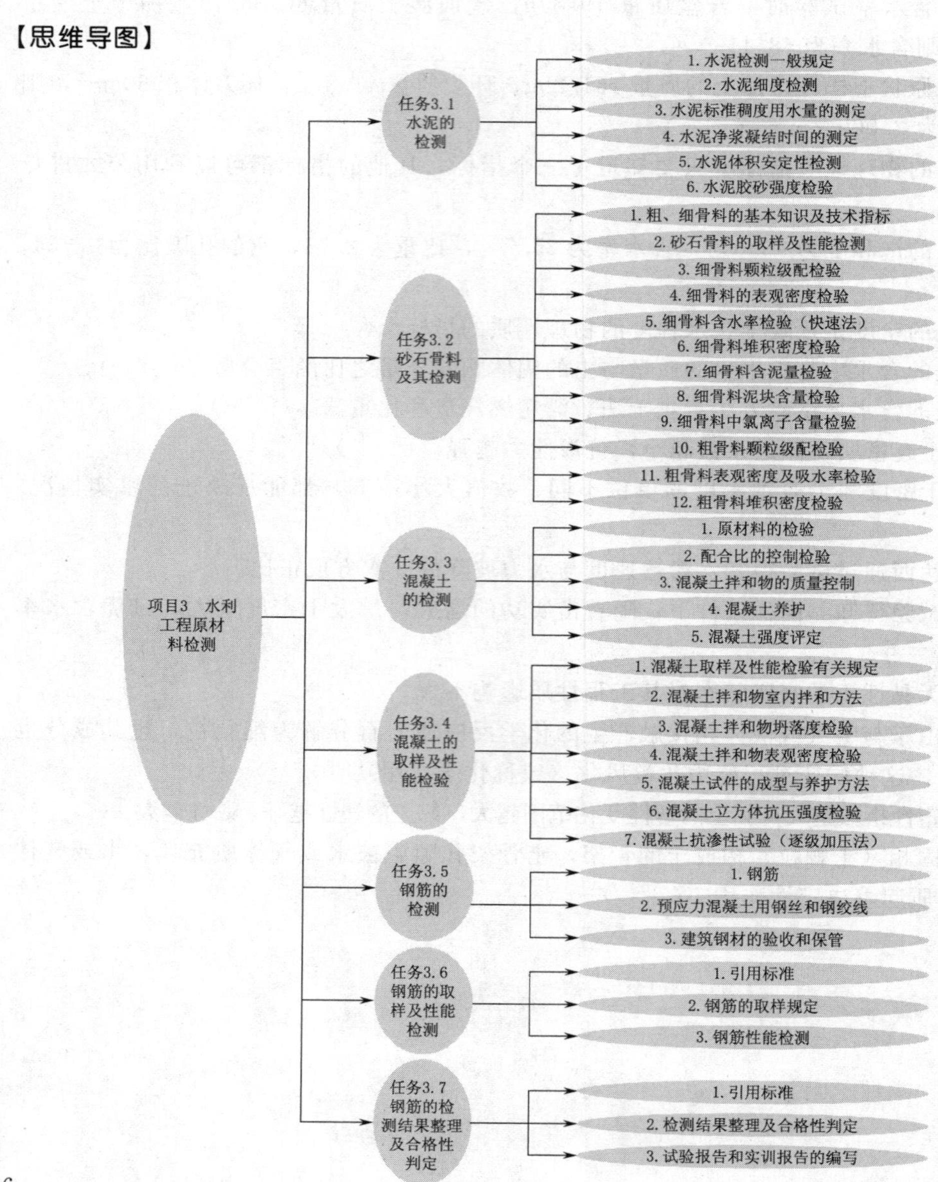

【项目简述】

1．水利工程原材料的种类

水利工程原材料主要是水利工程常用到的建筑材料，水利工程原材料指建造建筑物和构筑物所用到的所有材料，包括使用的各种原材料、半成品、成品等的总称，如黏土、铁矿石、石灰石、生石膏等。常用的水利工程材料是指直接构成建筑物和构筑物实体的材料，如混凝土、水泥、石灰、钢筋、黏土砖、玻璃等，必须同时满足两个基本要求：

（1）满足建筑物和构筑物本身的技术性能要求，保证能正常使用。

（2）能抵御周围环境的影响和有害介质的侵蚀，保证建筑物和构筑物的合理使用寿命，同时也不能对周围环境产生危害。

水利工程材料品种繁多，可从不同角度加以分类。按材料的化学组成，可分为无机材料、有机材料及复合材料；按材料的使用功能，可分为结构材料、墙体材料和功能材料，见表3.1。

表3.1　水利工程材料的分类

<table>
<tr><td rowspan="16">水利工程材料的分类</td><td rowspan="13">按材料的化学组成分</td><td rowspan="7">无机材料</td><td rowspan="2">金属材料</td><td>黑色金属</td><td>钢、铁等</td></tr>
<tr><td>有色金属</td><td>铝、铜等及其合金</td></tr>
<tr><td rowspan="5">非金属材料</td><td>天然石材</td><td>砂、石及石材制品</td></tr>
<tr><td>烧土制品</td><td>黏土砖、瓦</td></tr>
<tr><td>玻璃</td><td>普通玻璃、特种玻璃</td></tr>
<tr><td>无机胶凝材料</td><td>石灰、石膏、水泥等</td></tr>
<tr><td>无机纤维材料</td><td>玻璃纤维、硼纤维、陶瓷纤维等</td></tr>
<tr><td rowspan="3">有机材料</td><td colspan="2">植物材料</td><td>木材、竹材、植物纤维等</td></tr>
<tr><td colspan="2">沥青材料</td><td>煤沥青、石油沥青及其制品等</td></tr>
<tr><td colspan="2">合成高分子材料</td><td>塑料、涂料、合成橡胶等</td></tr>
<tr><td rowspan="3">复合材料</td><td colspan="2">有机与无机非金属复合材料</td><td>聚合物混凝土、玻璃纤维增强塑料等</td></tr>
<tr><td colspan="2">金属与无机非金属复合材料</td><td>钢筋混凝土、钢纤维混凝土等</td></tr>
<tr><td colspan="2">金属与有机非金属复合材料</td><td>PVC钢板、有机涂层铝合金板等</td></tr>
<tr><td rowspan="3">按材料的使用功能分</td><td>结构材料</td><td colspan="3">主要是指构成建筑物受力构件和结构所用的材料，如梁、板、柱、基础、框架及其他受力构件和结构等所用的材料。对这类材料主要技术性能的要求是强度和耐久性</td></tr>
<tr><td>墙体材料</td><td colspan="3">主要指建筑物内、外及分隔墙体所用的材料，有承重和非承重两类；目前大量采用的墙体材料为粉煤灰砌块、混凝土及加气混凝土砌砖等，此外还有混凝土墙板、石板、金属板材和复合墙板等</td></tr>
<tr><td>功能材料</td><td colspan="3">主要指负担某些建筑功能的非承重用材料，如防水材料、绝热材料，吸声和隔声材料、采光材料、装饰材料等</td></tr>
</table>

2．水利工程材料的技术标准

水利工程材料质量的优劣对工程质量起着最直接的影响，对所用水利工程材料进行合格性检验，是保证工程质量的最基本环节。国家标准规定，无出厂合格证明或未按规定复试的原材料，不得用于工程建设；在施工现场配制的材料，均应在试验室确定配合比，并在现场抽样检验。各项水利工程材料的检验结果是工程施工、工程质量评定及验收必需的技术依据。因此，在工程整个施工过程中，始终贯穿着材料的试验、检验工作，它是一项经常化、需要很强责任心的工作，也是控制工程施工质量的重要手段之一。水利工程材料的验收及检验，均应以产品的现行标准及有关的规范、规程为依据。

【项目载体】

工程原材料基本资料：巢湖流域牛屯河中下段防洪治理工程有2座穿堤建筑物加固，1座涵洞拆除重建，1座维持现状。涵洞送检材料有普通硅酸盐水泥42.5、河沙、碎石、混凝土强度等级为C20，钢筋为HRB335，检测其性能是否满足技术要求。

【项目实施方法及目标】

1. 项目实施方法

本项目分为四个阶段：

第一阶段，熟悉资料，了解项目的任务要求。

第二阶段，任务驱动，学习相关知识，完成知识目标。在此过程中，需要探寻查阅有关资料、规范，完成项目任务实施之前的必要知识储备。

第三阶段，项目具体实施阶段，完成相应教学目标。在这个阶段，可能会遇到许多与之任务相关的问题，因此在本阶段要着重培养学生发现问题、分析问题、解决问题的能力。通过对该项目的学习和实训，能够提高学生的专业知识、专业技能，同时提高学生的整体专业知识的连贯性。

第四阶段，专业检测，填写工程原材料检测报告。在这个过程中，培养学生检测动手能力和规范填写检测报告的能力。

2. 项目教学目标

水利工程原材料检测项目的教学目标包括知识目标、技能目标和素质目标三个方面。技能目标是核心目标，知识目标是基础目标，素质目标贯穿整个教学过程，是学习掌握项目的重要保证。

(1) 知识目标。

1) 掌握掌握水泥技术性质的检测内容及要求。

2) 掌握砂石骨料的技术性质的检测内容及要求。

3) 掌握水泥混凝土的技术性质的检测内容及要求。

4) 掌握钢筋的技术性质的检测内容及要求。

(2) 技能目标。

1) 能根据工程基本资料及基本要求，进行水泥、砂石骨料、混凝土、钢筋的技术性质、质量检测的能力。

2) 能够根据工程资料和规范要求，对检测结果数据进行处理，判断质量是否合格。

(3) 素质目标。

1）认真进行相应检测项目的检测任务——科学、认真填写检测结果，培养学生严谨认真的态度，科学务实的求真精神。

2）对照法规、专业标准、规范、合同约定进行结论判定——培养学生遵纪守法、树立规矩意识。

（4）现行规范。

1）《水泥取样方法》（GB/T 12573—2008）。

2）《通用硅酸盐水泥》（GB 175—2023）。

3）《水泥胶砂强度检验方法（ISO法）》（GB/T 17671—2021）。

4）《水泥标准稠度用水量、凝结时间、安定性检验方法》（GB/T 1346—2011）。

（5）检测报告。

1）检测报告或者实训报告。学生应根据送检单位的检测任务的要求，按照规范、工程合同约定完成检测任务，出具检测报告；或者根据教学目标任务，填写实训报告。并说明检测成果是否合理，如不合理，列出处理步骤；数据计算方法要求正确，参数取值合理，数据真实可靠，计算结果正确可信。

2）课后说明。简要说明检测报告的计算依据、方法、目的，并对试验操作过程进行总结，巩固学生学习效果。

任务3.1 水泥的检测

3.1.1 水泥检测一般规定

1. 引用标准

（1）《水泥细度检验方法 筛析法》（GB/T 1345—2005）。

（2）《水泥比表面积测定方法 勃氏法》（GB/T 8074—2008）。

（3）《水泥标准稠度用水量、凝结时间、安定性检验方法》（GB/T 1346—2011）。

（4）《水泥胶砂强度检验方法（ISO法）》（GB/T 17671—2021）。

（5）《通用硅酸盐水泥》（GB 175—2023）。

2. 试验前的准备与注意事项

（1）试样制备。

将按规定制取的水泥混合样缩分成试验样和封存样。对试验样的水泥，在试验前应过0.9mm方孔筛，并充分拌匀，记录筛余情况，之后将试样放入（105±5）℃烘箱内烘至恒量，移入干燥器内冷却至室温备用。

（2）试验用水。

常用试验用饮用水，仲裁试验或重要试验需用蒸馏水。

（3）环境条件。

试件成型时室温为（20±2）℃，相对湿度不低于50%（水泥细度试验可不作此规定）；试件带模养护的湿气养护箱或雾室温度为（20±1）℃，相对湿度不低于90%；水泥试样、标准砂、拌和水及试模等的温度与室温相同。

水泥的试验项目主要有：水泥细度检测、水泥标准稠度用水量的测定、水泥净浆凝结时间的测定、水泥体积安定性检测和水泥胶砂强度检验。

3.1.2 水泥细度检测

3.1 水泥细度检测

水泥细度检测的目的在于通过控制细度来保证水泥的活性，以控制水泥的质量。水泥细度检验方法有负压筛法、水筛法、手工干筛法和水泥比表面积测定方法（勃氏法）四种。这里仅介绍前三种方法，水泥比表面积测定方法（勃氏法）可参考有关规范。

1. 负压筛法

（1）主要仪器设备。

1）负压筛：负压可调范围为4000～6000Pa。

2）天平：最大称量为100g，最小分度值不大于0.01g。

（2）检验步骤。

1）筛析检验前，将负压筛放在筛座上，盖上筛盖，接通电源，检查控制系统，调节负压在4000～6000Pa范围内。

2）称取试样25g，放入洁净的负压筛内，盖上筛盖，放在筛座上，开动筛析仪，连续筛析2min，筛析过程中若有试样附着在筛盖上，可轻轻地敲击，使试样落下，筛完用天平称量筛余物，精确至0.01g。

3）当工作负压小于4000Pa时，应清理吸尘器内的残留物，使负压恢复正常。

2. 水筛法

（1）主要仪器设备：标准筛、旋转托架和喷头，其构造见图3.1。

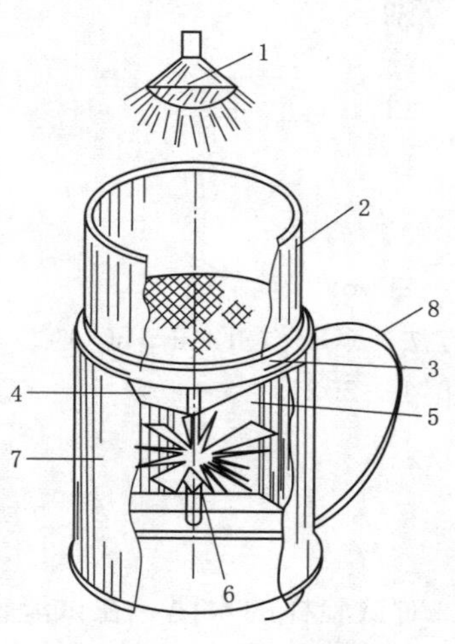

图3.1 水筛法装置系统构造图
1—喷头；2—标准筛；3—旋转托架；4—集水斗；5—出水口；6—叶轮；7—外筒；8—把手

（2）检验步骤。

1）筛析检验前应检查水中有无泥、砂，调整好水压及旋转托架的位置，确保能正常运转。喷头底面和筛网之间的距离为35～75mm。

2）称取试样50g，置于洁净的水筛内，立即用洁净水冲洗至大部分细粉通过，连续冲洗时间为3min，筛完用少量水将筛余物冲至蒸发皿中，待水泥颗粒全部沉淀后，将清水倒出，烘干后用天平称量筛余物，精确至0.01g。

3. 手工干筛法

（1）主要仪器设备：筛子（筛框有效直径150mm、高50mm，方孔边长0.08mm的铜布筛）；烘干箱；天平。

（2）检验步骤。

1）称取50g试样倒入洁净的干筛中。

2）用一只手执筛往复摇动，另一只手轻轻拍打，拍打速度每分钟约120次，拍打每40次向同一方向转动60°，使试样均匀地分布在筛网上，直至每分钟通过的试样量不超过0.05g为止；称量剩余物，精确至0.01g。

4. 试验结果

三种方法的水泥试样筛余百分率按式（3.1）计算（精确至0.1%）：

$$F=\frac{m_s}{m}\times 100 \tag{3.1}$$

式中　F——水泥试样的筛余百分率，%；

m_s——水泥筛余物的质量，g；

m——水泥试样的质量，g。

评定水泥是否合格时，每个样品应该称取两个试样分别筛析，取两次筛余百分率平均值作为结果。若两次筛余百分率绝对误差大于0.5%（筛余百分率大于5.0%可放至1.0%），允许再做一次试验，取两次相近结果的算术平均值作为最终结果。

水泥细度试验按表3.2进行记录，计算结果精确至0.1%。

表3.2　　水泥细度记录表

水泥品种	强度等级	试验方法	试样质量/g	筛余量/g	细度（筛余百分率）

3.1.3　水泥标准稠度用水量的测定

1. 试验目的

测定水泥浆具有标准稠度时需要的加水量，作为水泥凝结时间、体积安定性试验时拌和水泥净浆加水量的根据。

3.2　水泥标准稠度凝结时间、体积安定性试验

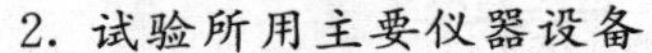

2. 试验所用主要仪器设备

（1）水泥净浆搅拌机。净浆搅拌机由搅拌锅、搅拌叶片、传动机构和控制系统组成。搅拌叶片在搅拌锅内作旋转方向相反的公转和自转，转速为90r/min。控制系统可以采用自动控制，也可采用人工控制。

（2）维卡仪。维卡仪是用来测定水泥标准稠度与凝结时间的专用仪器（图3.2）。维卡仪的滑动部分总质量为（300±1）g，标准稠度测定用的试杆［图3.2（c）］有效长度为50mm，用直径为10mm的圆柱形耐腐蚀金属材料制成。装水泥净浆的试模［图3.2（a）］由有足够硬度的耐腐蚀金属制成，试模的外形为截顶圈锥体，深度为40mm，顶的内径为65mm，底内径为75mm。每个试模应配备一个面积大于试模、厚度大于等于2.5mm的平玻璃板。

（3）天平（感量1g）及人工拌和工具等。

3. 试验过程

（1）检查相关仪器设备，搅拌机能否正常运行，维卡仪的金属试杆能否自由滑动；调整试杆使其接触玻璃板时指针对准维卡仪标尺的零点。

（2）将拌和水倒入搅拌锅内，将称好的500g水泥在5～10s内小心地加入水中，慢速搅拌120s，停拌15s，接着再快速搅拌120s后停机。

（3）拌和完毕，立即将水泥净浆一次装入试模内，用小刀插捣并振密实，然后刮去多余的水泥净浆，抹平后迅速放置在维卡仪的底座上，并与试杆对中。将试杆降至净浆表面，拧紧固定螺钉，然后突然放松螺钉，让试杆自由沉入净浆中。在试杆停止

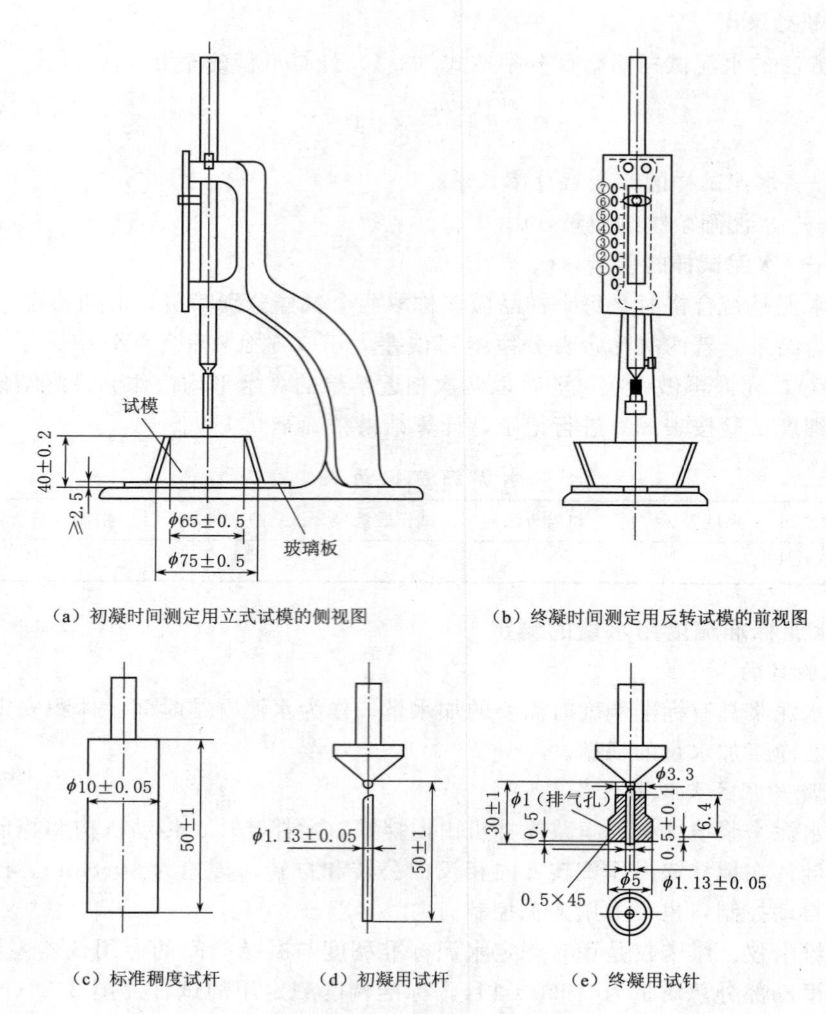

（a）初凝时间测定用立式试模的侧视图　（b）终凝时间测定用反转试模的前视图

（c）标准稠度试杆　（d）初凝用试杆　（e）终凝用试针

图3.2　测定水泥标准稠度和凝结时间用的维卡仪（单位：mm）

沉入或释放试杆30s时，记录试杆端部距底板的距离，提起试杆后，立即擦净，整个操作应在1.5min内完成。

4. 试验结果

以试杆沉入净浆并距底板（6±1）mm的水泥净浆为标准稠度净浆，其拌和用水量为该水泥的标准稠度用水量（P），按水泥质量的百分比计，即

$$P=\frac{\text{拌和用水量}}{\text{水泥用量}}\times 100\% \tag{3.2}$$

试验数据及结果按表3.3记录。

表3.3　水泥标准稠度用水量试验记录表

水泥用量/g	拌和用水量/mL	试杆沉入净浆距底板距离/mm	标准稠度用水量/%

3.1.4 水泥净浆凝结时间的测定

1. 试验目的

测定水泥初凝和终凝所需要的时间，以评定水泥是否符合国家标准的规定。

2. 试验所用主要仪器设备

(1) 维卡仪。同标准稠度用水量测定时所用维卡仪，只是将原来的试杆换成试针。试针是由钢材制成的直径为 1.13mm 的圆柱体，初凝用试针的有效长度为 50mm [图 3.2 (d)]，终凝测针的有效长度为 30mm [安装环形附件，图 3.2 (e)]。

(2) 水泥净浆搅拌机。

(3) 标准养护箱。

3. 试验过程

(1) 将试模内表面涂油后放在玻璃板上。调整维卡仪的试针，使试针接触玻璃板时指针对准标尺零点。

(2) 以标准稠度用水量制成标准稠度净浆，一次装满试模，振动数次并刮平，立即放入养护箱内。记录水泥全部加入水中的时间为凝结时间的起始点。

(3) 测定初凝时间。试件在养护箱内养护 30min 后取出，放置在维卡仪的试针下面进行第一次测定。测定时让试针与水泥净浆表面接触，拧紧螺钉 1～2s 后突然放松，试针自由扎入净浆内，读出试针停止下沉或释放试针 30s 时指针所指的数值。当试针扎至距底板 (4±1)mm 时，水泥则达到初凝状态。

(4) 测定终凝时间。完成初凝时间测定后，立即将试模连同浆体以平移的方式从玻璃板上取下，翻转 180°，直径大端朝上，小端朝下放在玻璃板上 [图 3.2 (b)]，再放入养护箱内继续养护，临近终凝时间每隔 15min 测定一次，当试针扎入试体 0.5mm，即环形附件开始不能在试体上留下痕迹时为水泥达到终凝状态。

测定时应注意，在最初测定的操作时，应轻轻扶住金属柱，使其徐徐下降，以防试针撞弯，但结果以自由下落为准；在整个测定过程中，试针扎入的位置至少应距试模内壁 10mm。临近初凝时，每隔 5min 测定一次，临近终凝时每隔 15min 测定一次，到达初凝或终凝时应立即重复测定一次，当两次结论相同时，才能定为水泥到达初凝或终凝状态。

每次测定不准让试针扎入原针孔，每次测试完毕须将试针擦净，并将试模放回湿气养护箱内，整个测定过程中都要防止试模受振动。

4. 试验结果

由水泥全部加水开始至初凝、终凝状态的时间分别为该水泥的初凝时间和终凝时间，以分钟 (min) 为单位，记录表见表 3.4。

表 3.4 水泥凝结时间记录表

试样编号	标准稠度用水量/%	加水时刻/(时：分)	初凝时刻/(时：分)	初凝时间/min	终凝时刻/(时：分)	终凝时间/min

3.1.5 水泥体积安定性检测

1. 试验目的

检测水泥浆在硬化时体积变化的均匀性，以决定水泥是否可以用于施工。

2. 试验方法

可用“雷氏法”和“试饼法”测定水泥体积安定性。若试验过程出现争议时，以雷氏法为准。雷氏法是指测定水泥净浆在雷氏夹中沸煮后的膨胀值来判测水泥安定性是否合格；试饼法则是通过观察水泥净浆试饼沸煮后的外形变化来检验水泥的体积安定性。

3. 试验所用主要仪器设备

(1) 沸煮箱。沸煮箱的有效容积为410mm×240mm×310mm，箅板结构应不影响试验结果，箅板与加热器之间的距离应大于50mm。箱的内层由耐蚀的金属材料制成，能在(30±5)min内将箱内的试验用水由室温升至沸腾状态3h以上，整个试验过程中不需补充水量。

(2) 雷氏夹。雷氏夹用铜质材料制成，当一根指针的根部先悬挂在一根金属丝或尼龙丝上，另一根指针的根部再挂上质量为300g的砝码时，两根指针针尖的距离增加应在(17.5±2.5)mm范围内。当去掉砝码后，针尖的距离应能恢复到挂砝码前的状态。

(3) 雷氏夹膨胀测量仪。标尺最小刻度为0.5mm。

(4) 水泥净浆搅拌机、标准养护箱、量水器、天平。

4. 试验过程

(1) 水泥标准稠度净浆制备。称取送验水泥500g，加入标准稠度用水量，在水泥净浆搅拌机内搅拌水泥净浆。

(2) 试件制作。采用试饼法测定时，将拌制好的水泥净浆取出约150g，分成两等份，并使之成球形。将其放在预先准备好的玻璃板(100mm×100mm，表面涂一层油脂膜)上，轻轻振动玻璃板，用湿布擦过的小刀由边缘至中央抹动，做成直径为70～80mm、中心厚约10mm、边缘渐薄、表面光滑的试饼。将做好的试饼放入养护箱内养护(24±2)h。

采用雷氏法测定时，将内壁涂有机油的雷氏夹放在稍涂有机油的玻璃板上，并立刻将已制好的标准稠度净浆装满试模，装模时用一只手轻扶雷氏夹，另一只手用宽度约10mm的小刀插捣数次，然后抹平并盖上稍涂有机油的玻璃板，接着将试件移至养护箱内养护(24±2)h。

(3) 沸煮。养护结束后，将试件从玻璃板上脱出。调整沸煮箱的水位，使试件在整个沸煮过程中都能被水淹没，且中途不需要加水，同时又能保证在(30±5)min内加热至沸腾。

采用试饼法检测时，先检查试饼是否完整(如出现开裂翘曲要检查原因，确无外因时，认定该试件不合格，不必进行沸煮)。在试件无缺陷的情况下，将试饼放在沸煮箱的箅板上，然后在(30±5)min内加热至沸腾，并恒沸3h±5min。

采用雷氏法检测时，先测量雷氏夹指针端尖的距离(A)，精确至0.5mm，然后将雷氏夹指针放入水中箅板上，指针朝上，试件之间互不交叉，然后在(30±5)min

内加热至沸腾，并恒沸 3h±5min。

沸煮结束后放掉箱中热水，打开箱盖，待箱体冷却至室温时，取出试件进行观察和确定。

5. 试验结果

(1) 试饼法要目测试饼未发现裂纹，用直尺检查也没有弯曲，则认定该水泥体积安定性合格，反之为不合格。当两块试饼的观测结果有矛盾时，也认定该水泥的体积安定性不合格。

(2) 雷氏夹法要测量指针尖端距离（C），计算沸煮后指针间距的增加值（$C-A$）。取两个试件的平均值为试验结果，当 $C-A$ 值不大于 5mm 时，则认定该水泥体积安定性合格，反之为不合格。当两个试件的 $C-A$ 值大于 4mm 时，应用同一样品重做一次试验，再次试样结果仍如此，则认定该水泥的体积安定性为不合格。安定性不合格的水泥禁用。试验结果记录表见表 3.5。

表 3.5　水泥安定性记录表

试样编号	煮前指针距离/mm	煮后指针距离/mm	平均值/mm	结论
1				
2				
3				
4				

3.1.6 水泥胶砂强度检验

1. 检验目的

检验水泥 3d、28d 抗压强度、抗折强度，以确定水泥的强度等级；或已知水泥的强度等级，检验其强度是否满足国家标准中规定的 3d、28d 龄期强度数值。

3.3 水泥胶砂试验（一）

2. 检验所用主要仪器设备

(1) 水泥胶砂搅拌机。它由胶砂搅拌锅和搅拌叶片及相应的机构组成，可以很方便地固定在锅座上，而搅拌时不会晃动和转动。搅拌机工作原理是通过行星式运动将混合物进行搅拌，搅拌叶片呈扇形，搅拌时除顺时针自转外，还要沿搅拌锅周边逆时针作公转，并具有高、低两种转速。搅拌叶片与锅底、锅壁的工作间隙为 3mm。搅拌机运转时声音应正常，绝缘电阻应不小于 2MΩ。

3.4 水泥胶砂试验（二）

(2) 振动台。水泥胶砂试体成型振动台由可以跳动的台盘和使其跳动的凸轮机构等组成，振动台的振动频率为 60 次/(60±2)s，振动幅为（15±0.3)mm。

(3) 试模。试模是由 3 个水平模槽组成的可拆卸的三联模，其构造由隔板、端板、底座、紧固装置和定位销等组成。模槽内腔尺寸为 40mm×40mm×160mm，三边应互相垂直。

(4) 抗折强度试验机（又称抗折机）。一般构造为电动双杠杆式，抗折机上支撑胶砂试件的两支撑圆柱的中心距为（100±0.2)mm。

(5) 抗压强度试验机（又称压力机）。一般用万能试验机，最大荷载以 200～300kN 为宜，压力机应具有加荷速度自动调节和记录结果的装置，同时应配有抗压试验用的专用夹具，夹具由优质碳钢制成，受压面积为40mm×40mm。

3. 试体成型过程

(1) 配料。取被检测水泥 (450±2)g、标准砂 (1350±2)g、拌和水 (225±1)g，配制1∶3水泥胶砂，水灰比为0.50。

(2) 搅拌。将搅拌锅放在底座上并予以固定。先往锅内加水，再加水泥，开动搅拌机，低速搅拌30s后，在第二个30s开始的同时均匀地加入标准砂，将搅拌机转至高速，再搅拌30s形成匀质水泥胶砂；停拌90s，在第一个15s内用一橡胶刮具将搅拌叶片和锅壁上的胶砂刮入锅内；在高速下继续搅拌60s。各搅拌阶段时间误差应不超过±1s。

(3) 成型。胶砂制备好后立即用振动台成型。将空试模和模套固定在振动台上，用勺子从搅拌锅内将胶砂分两层装入试模：装第一层时，每个槽内约放入300g胶砂，用大播料器垂直将每个模槽的料层播平，接着振动60次；再装入第二层胶砂，用小播料器播平，再振动60次。移走模套，取下试模，用金属直尺垂直沿试模长度方向，以横向锯割动作慢慢地向另一端移动，将超过试模的胶砂一次刮去，并用同一直尺将试体表面抹平。最后，在试模上做标记或贴上字条，标明试体编号。

4. 试件养护

(1) 将编好号的试模放入雾室或湿箱的水平架子上养护［温度为 (20±1)℃、相对湿度大于90%］20～24h后取出脱模。硬化速度较慢的水泥，可以延长脱模时间，但要做好记录。

(2) 脱模。脱模时间对于24h龄期的，应在破型试验前20min内脱模；对于24h以上龄期的应在成型后20～24h之间进行脱模。

(3) 水中养护。将做好标记的试件垂直或水平放入 (20±1)℃的水中进行养护，试件水平放置时，刮平的平面应朝上，试件在水中6个面都要与水接触，且试件之间的间隔及试件上表面的水深都不得小于5mm。

每个养护水池只准养护同类型的水泥试件。除24h龄期或延迟至48h脱模的试体外，任何到龄期的试体应在试验前15min从水中取出，揩去试体表面的沉积物，并用湿布盖至试验时止。

5. 强度检验

强度检验试体的龄期从水泥和水搅拌开始试验时计算。不同龄期强度检验在下列时间里进行：24h±15min，48h±30min，72h±45min，7d±2h，28d±8h。

(1) 抗折强度检验。将试体一个侧面放在抗折机的支撑圆柱上，试体长轴垂直于支撑圆柱，通过加荷圆柱以 (50±10)N/s的速率将荷载均匀地加在棱柱体相对侧面上，直至折断试体。保持两个半截棱柱体处于潮湿状态直至完成抗压强度检验。抗折强度 R_f，以MPa为单位，按式 (3.3) 进行计算：

$$R_f=\frac{1.5F_fL}{b^3} \tag{3.3}$$

式中 F_f——折断时施加在棱柱体中部的荷载，N；

L——两支撑圆柱之间的距离，mm；

b——棱柱体正方形截面的边长，mm。

(2) 抗压强度检验。将半截棱柱体装在抗压夹具内，棱柱体中心与夹具压板受压中心间距差应在±0.5mm以内，棱柱体露在压板外的部分约为10mm。开动压力机，以(2400±200)N/s的加荷速率均匀地向试体加荷直至破坏。抗压强度R_c以MPa为单位，按式(3.4)进行计算：

$$R_c=\frac{F_c}{A} \tag{3.4}$$

式中 F_c——试体破坏时的最大荷载，N；

A——试体受压部分的面积($40\text{mm}\times40\text{mm}=1600\text{mm}^2$)。

6. 强度检验结果评定

抗折强度是以1组3个棱柱体抗折强度的平均值作为检验结果。当3个强度值中有超出平均值的±10%时，应将该值剔除后再取平均值作为抗折强度的检验结果。

抗压强度是以1组3个棱柱体得到的6个抗压强度测定值的算术平均值作为检验结果。如果6个测定值中有1个超出其平均值的±10%，就应剔除这个数值，而以余下5个值的平均值作为检测结果；如果5个测定值中再出现超过它们平均数的±10%时，则此组试体作废。

各试体抗折强度计算精确至0.1MPa，抗折强度平均值计算也要求精确至0.1MPa；各个半棱柱体得到的单个抗压强度结果计算精确至0.1MPa，抗压强度的平均值计算也要精确至0.1MPa。试验数据按表3.6进行记录。

表 3.6 水泥强度试验记录表

受力类型	编号	7d			28d		
		荷载/N	强度/MPa	平均强度/MPa	荷载/N	强度/MPa	平均强度/MPa
抗折	1						
	2						
	3						
抗压	1						
	2						
	3						
	4						
	5						
	6						

3.5 水泥试验记录表一、二

任务 3.2 砂石骨料及其检测

3.2.1 粗、细骨料的基本知识及技术指标

粗细骨料(砂石骨料)是混凝土组成材料的一部分，在混凝土中起骨架和填充作

用，骨料按粒径大小分为细骨料和粗骨料，粒径 0.15～4.75mm 的称为细骨料，粒径大于 4.75mm 的称为粗骨料。在混凝土中粗细骨料总体积占混凝土体积的 70%～80%，因此，骨料的性能对所配置的混凝土性能有很大影响。骨料的性能要求：有害杂质含量少；具有良好的颗粒形状，适宜的颗粒级配和细度，表面粗糙，与水泥黏结牢固；性能稳定，坚固耐久；等。

粗细骨料（砂石骨料）的检验有两个标准，一是国家标准，例如《建设用砂》（GB/T 14684—2022）和《建设用卵石、碎石》（GB/T 14685—2022）；二是行业标准，例如《普通混凝土用砂、石质量及检验方法标准》（JGJ 52—2006）、《水工混凝土砂石骨料试验规程》（DL/T 5151—2014）、《水工混凝土试验规程》（SL/T 352—2020）。根据《混凝土结构工程施工质量验收规范》（GB 50204—2015）的规定，普通混凝土所用的粗、细骨料质量应符合现行行业标准，若用于其他目的，可按国家标准进行检测。

1. 细骨料——砂子

砂子按产源分为天然砂、人工砂两类，其中人工砂分为机制砂和混合砂。

根据《建设用砂》（GB/T 14684—2022）标准，天然砂是由天然岩石自然风化、水流搬运和分选、堆积所形成的大小不等、矿物颗粒组成不同的混合物，按其形成环境可分为河砂、山砂、湖砂和淡化海砂四种。其中，河砂和海砂长期经受水流冲刷，颗粒形状圆滑，海砂中常含有贝壳碎片及可溶性盐等有害杂质，而河砂较洁净；山砂是从山谷或旧河床中采运而得到的，颗粒多带棱角，表面粗糙，但山砂含泥和软弱颗粒较多。故建筑工程中一般多采用河砂作为细骨料。

若施工地缺乏天然砂，也可考虑采用人工砂。人工砂是岩石经破碎、筛选而成的。人工砂颗粒尖锐、富有棱角，细粉、片状颗粒较多，制砂成本高。混合砂是天然砂和人工砂的混合物。混合砂可充分利用地方资源，降低人工砂生产成本。

天然砂颗粒圆滑，对混凝土的和易性较有利，但强度略低，而人工砂则反之。

根据《建设用砂》（GB/T 14684—2022），按技术要求将砂分为三类，即Ⅰ类砂、Ⅱ类砂、Ⅲ类砂，其中Ⅰ类砂质量最好，宜用于强度等级大于 C60 的混凝土；Ⅱ类砂宜用于强度等级 C30～C60 及抗冻、抗渗或其他要求的混凝土；Ⅲ类砂宜用于强度等级小于 C30 的混凝土和建筑砂浆。

2. 砂的主要技术指标

（1）砂的颗粒级配与粗细程度。

1）砂的颗粒级配。砂的颗粒级配是指砂中不同粒径颗粒的组合情况，即各种粒径颗粒在骨料中所占的比例。在混凝土中，砂粒之间的空隙是由水泥浆所填充，为达到节约水泥和提高强度的目的，应尽量减少砂粒之间的空隙，见图 3.3。如果是同样粗细的砂。空隙最大 [图 3.3 (a)]，两种粒径搭配使空隙就减小了 [图 3.3 (b)]；三种粒径搭配，空隙就更小了 [图 3.3 (c)]。由此可见，要想减小砂粒间的空隙，就必须有大小不同的颗粒搭配。级配良好的砂，由于孔隙率小，不仅可以节省水泥而且能使混凝土结构密实，和易性、强度、耐久性得到加强，并且能减少混凝土的干缩及徐变。

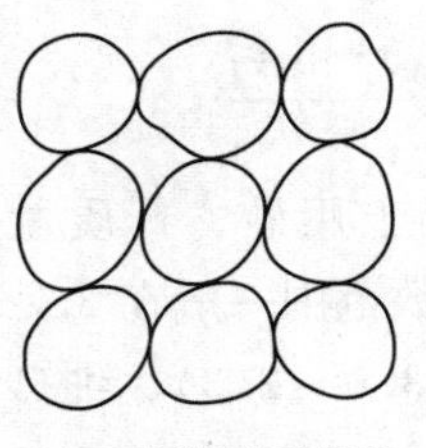
(a) 一种粒径的砂搭配

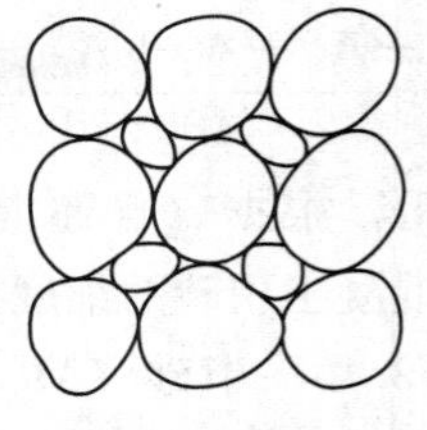
(b) 两种粒径的砂搭配

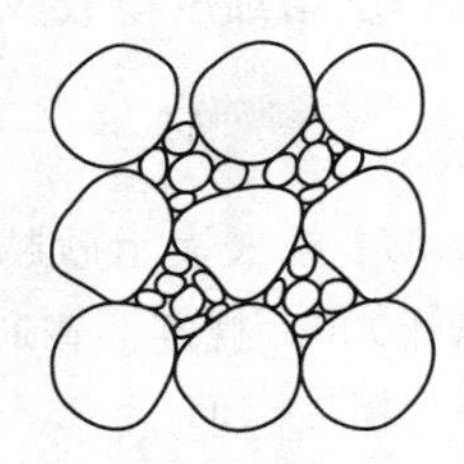
(c) 三种粒径的砂搭配

图 3.3 骨料颗粒搭配示意图

2) 砂的粗细程度。砂的粗细程度是指不同粒径的砂粒混合在一起后的平均粗细程度，通常有粗砂、中砂与细砂之分。在相同质量条件下，细砂的总表面积较大，而粗砂的总表面积较小。砂的总表面积越大，则在混凝土中需要包裹砂粒表面的水泥浆就越多。当混凝土拌和物的流动性要求一定时，用粗砂拌制的混凝土比用细砂所需的水泥浆为省；但若砂过粗，却又使混凝土拌和物容易产生离析、泌水现象，影响混凝土的均匀性。因此，在拌制混凝土时应同时考虑砂的粗细程度与砂的颗粒级配。当砂含有较多的粗颗粒，并且以适当的中颗粒及少量细颗粒填充间隙，不但具有较小的空隙率，而且具有较小的总表面积。既节约水泥，又可提高混凝土的密实性与强度。因此，控制混凝用砂的粗细程度和颗粒级配有很大的技术经济意义，用作配制混凝土的砂不宜过细也不宜过粗。

砂的颗粒级配与粗细程度用筛分析的方法进行测定，用级配区表示砂的颗粒级配的范围，用细度模数表示砂的粗细程度。筛分析的方法，是用一套孔径为 4.75mm、2.36mm、1.18mm、0.60mm、0.30mm 及 0.15mm 的标准筛，将 (105±5)℃温度下烘干至恒重的 500g 干砂试样由粗到细依次过筛，然后称量余留在各个筛上的砂的质量，并计算出各筛上的分计筛余百分率 a_1、a_2、a_3、a_4、a_5、a_6（各筛上的筛余量占砂样总量的百分数）及累计筛余百分率 A_1、A_2、A_3、A_4、A_5 和 A_6（各个筛和比该筛粗的所有分计筛余百分率的和）。分计筛余百分率与累计筛余百分率的关系见表 3.7。

表 3.7 分计筛余百分率与累计筛余百分率的关系

筛孔尺寸/mm	分计筛余百分率/%	累计筛余百分率/%
4.75	$a_1=(m_1/m_s)\times100$	$A_1=a_1$
2.36	$a_2=(m_2/m_s)\times100$	$A_2=a_1+a_2$
1.18	$a_3=(m_3/m_s)\times100$	$A_3=a_1+a_2+a_3$
0.60	$a_4=(m_4/m_s)\times100$	$A_4=a_1+a_2+a_3+a_4$
0.30	$a_5=(m_5/m_s)\times100$	$A_5=a_1+a_2+a_3+a_4+a_5$
0.15	$a_6=(m_6/m_s)\times100$	$A_6=a_1+a_2+a_3+a_4+a_5+a_6$

注 $m_1 \sim m_6$ 分制为静孔由大到小的 6 个筛的筛余量（分计筛余）；m_s 为试样总量（即 500g）。

砂的粗细程度用细度模数 M_x 表示，其计算公式为：

$$M_x=\frac{(A_2+A_3+A_4+A_5+A_6)-5A_1}{100-A_1} \tag{3.5}$$

细度模数 M_x 越大表示砂越粗，根据《普通混凝土用砂、石质量及检验方法标准》(JGJ 52—2006）规定：普通混凝土用砂的细度模数范围一般在 3.7～0.7 之间，砂按细度模数分为粗砂（M_x＝3.7～3.1)、中砂（M_x＝3.0～2.3)、细砂（M_x＝2.2～1.6)、特细砂（M_x＝1.5～0.7)。对于 M_x 在 3.7～1.6 的普通混凝土用砂，根据 0.60mm 筛孔的累计筛余量（以质量百分率计)，分成三个级配区（表 3.8)：Ⅰ区为粗砂区，Ⅱ区为中砂区，Ⅲ区为细砂区。级配良好的砂，其级配应处于表 3.8 中的任何一个级配区内。砂的实际颗粒级配和表 3.8 中相比，除 4.75mm 和 0.60mm 外，其余允许稍有超出分界线，但其总量百分率不应大于 5%，否则视为级配不合格。

表 3.8　砂颗粒级配区

砂的公称粒径/mm	筛孔尺寸边长/mm	累计筛余百分率/%		
		Ⅰ区	Ⅱ区	Ⅲ区
5.00	4.75	10～0	10～0	10～0
2.50	2.36	35～5	25～0	15～0
1.25	1.18	65～35	50～10	25～0
0.63	0.60	85～71	70～41	40～16
0.315	0.30	95～80	92～70	85～55
0.16	0.15	100～90	100～90	100～90

注　砂的实际颗粒级配与表中所列的累计筛余百分率相比，除 4.75mm 和 0.60mm 筛子以外，其他各筛的累计筛余允许稍有超出分界线，但其超出总量百分率不应大于 5%。

一般处于Ⅰ区的砂较粗，属于粗砂，其保水性较差，应适当提高砂率，并保证足够的水泥用量，以满足混凝土的和易性；Ⅲ区砂细颗粒多，配制混凝土的黏聚性、保水性易满足，但混凝土干缩性大，容易产生微裂缝，宜适当降低砂率，以保证混凝土强度；Ⅱ区砂粗细适中，级配良好，拌制混凝土时宜优先选用。另外可根据筛分曲线偏向情况大致判断砂的粗细程度：当筛分曲线偏向右下方时，表示砂较粗；筛分曲线偏向左上方时，表示砂较细。用特细砂配制的混凝土拌和物黏度较大，主要结构部位的混凝土必须采用机械搅拌和振捣，一般搅拌时间要比中、粗砂配制的混凝土延长 1～2min。泵送混凝土用砂宜选用中砂。

如果砂的自然级配不符合要求，可采用人工掺配的方法来改善。最简单的措施是将粗、细砂按适当比例进行掺配，或砂过筛后剔除过粗或过细颗粒。

对于水工混凝土，可按照《水工混凝土试验规程》(SL/T 352—2020）进行砂料颗粒级配检测，用于评定砂料品质和进行施工质量控制。其中，标准筛孔形为方孔，孔径（公称直径）为 10mm、5mm、2.5mm、1.25mm、0.63mm、0.315mm、0.16mm。

3）砂中有害物质的含量。用来配制混凝土的砂要求清洁不含杂质，以保证混凝土的质量。然而实际上砂中常含有云母、黏土、淤泥、粉砂等有害杂质。这些杂质黏附在砂的表面，妨碍水泥与砂的黏结，降低混凝土的强度、抗渗性、抗冻性，同时还增加混凝土的用水量，从而加大混凝土的收缩，降低混凝土的耐久性，因而，砂中有害物质的含量应加以限制。

此外，砂中一些有机杂质、硫化物及硫酸盐还对水泥有腐蚀作用，也应加以限制。砂中若含有活性二氧化硅等骨料成分，当混凝土中有水分存在时，它能与水泥或外加剂中碱分（Na_2O 或 K_2O）起作用，产生碱-骨料反应，使混凝土发生开裂。因此，当怀疑砂中含有活性二氧化硅时，应进行专门试验，以确定是否可用。砂中杂质含量一般应符合表 3.9 的规定。

表 3.9　　砂中有害杂质含量

项　目	质量指标	项　目	质量指标
云母含量（按重量计）/%		有机物含量（用比色法试验）	
轻物质含量（按重量计）/%		氯化物（以氯离子占干砂质量百分比率计）	
硫化物及硫酸盐的含量/%			

3.2.2 砂石骨料的取样及性能检测

1.《普通混凝土用砂、石质量及检验方法标准》（JGJ 52—2006）验收批及检验项目

（1）检验批的划分。

采用大型工具（如火车、货船或汽车）运输的，取样应以产地、规格相同的不超过 400m³ 或 600t 为一批，不足 400m³ 或 600t 时亦为一个验收批；采用小型工具（如拖拉机等）运输的，应以 200m³ 或 300t 为一个验收批，不足上述量者应按一个验收批验收。

（2）检验项目。

1）筛分析试验。

2）含泥量。

3）泥块含量。

4）针片状含量（碎石和卵石）。

5）石粉含量（人工砂和混合砂），

6）有害物质含量。

7）坚固性。

对于重要工程和特殊工程，应根据工程要求增加检测项目。对其他指标的合格性有怀疑时，也予检测。当使用新产地或新料源时，供货单位应进行质量要求的全面检验。在做混凝土配合比时，应做砂子的含水率检验。

（3）质量检测报告。

质量检测报告应包含委托单位、样品编号、工程名称、样品产地、类别、代表数量、检测依据、检测条件、检测项目、检测结果和结论。

2.《水工混凝土施工规范》(DL/T 5144—2015) 验收批及检验项目

(1) 骨料生产成品的品质检测。

1) 骨料生产成品的品质,每 8h 应检测 1 次。检测项目包括:细骨料的细度模数,石粉含量(人工砂),含泥量和泥块含量;粗骨料的超径、逊径、含泥量和泥块含量。

2) 成品骨料出厂品质检测:细骨料应按同料源每 600~1200t 为一批,检测细度模数、石粉含量(人工砂)、含泥量、泥块含量和含水率;粗骨料应按同料源、同规格碎石每 2000t 为一批,卵石每 1000t 为一批,检测超径、逊径、针片状、含泥量、泥块含量和 D20、D40、D80、D150 粒径骨料的中径筛筛余量。

3) 使用单位应每月进行 1~2 次质量要求的全面检验;必要时应定期进行碱活性检验。

(2) 拌和楼抽样检测。

砂、小石的含水量每 4h 检测 1 次,雨雪后等特殊情况应加密检测。砂的细度模数和人工砂的石粉含量、天然砂的含泥量每天检测 1 次。当砂子细度模数超出控制中值±0.2 时,应调整配料单的砂率。粗骨料的超(逊)径、含泥量每 8h 应检测一次。每月进行 1 次质量要求的全面检验。

3. 取样

(1) 验收批取样方法。

1) 从料堆上取样时,取样部位应均匀分布。取样前先将取样部位表层铲除,然后由各部位抽取大致相等的砂 8 份,石子 16 份,各自组成一组样品。

2) 从皮带运输机上取样时,应在皮带运输机机尾的出料处用接料器定时抽取砂 4 份、石 8 份,各自组成一组样品。

3) 从火车、汽车、货船上取样时,应从不同部位和深度抽取大致相等的砂 8 份、石 16 份,各自组成一组样品。

(2) 样品缩分。砂的样品缩分方法可以选择下列两种方法之一:

1) 用分料器法缩分:将样品在潮湿状态下拌和均匀,然后将其通过分料器,留下两个接料斗中的一份,并将另一份再次通过分料器。重复上述过程,直到把样品缩分到试验所需量为止。

2) 人工四分法缩分:将样品置于平板上,在潮湿状态下拌和均匀,并堆成厚度约为 20mm 的"圆饼",然后沿互相垂直的两条直径把"圆饼"分成大致相等的四份,取其对角的两份重新拌匀,再堆成"圆饼";重复上述过程,直到把样品缩分后的材料量略多于进行试验所需量为止。

3) 碎石或卵石缩分时,成将样品置于平板上,在自然状态下拌均匀,并堆成锥体,然后沿互相垂直的两条直径把锥体分成大致相等的四份,取其对角的两份重新拌匀,再堆成锥体;重复上述过程,直至把样品缩分至试验所需量为止。

4) 砂、碎石或卵石的含水率、堆积密度、紧密堆积密度检验所用的试样,可不经缩分,拌匀后直接进行试验。

(3) 试样数量。

单项试验的最少取样数量应符合表 3.10 的规定。做几项试验时,如确能保证试样经一项试验后不致影响另一项试验的结果，可用同一试样进行几项不同的试验。

表3.10　　砂单项试验取样数量

序号	试验项目	最小取样数量/kg	序号	试验项目	最小取样数量/kg
1	筛分析	4.4	10	有机质含量	2.0
2	表观密度	2.6	11	云母含量	0.6
3	吸水率	4.0	12	轻物质含量	3.2
4	紧密堆积密度和堆积密度	5.0	13	坚固性	每个粒级各需1.0
5	含水率	1.0	14	氯离子含量	2.0
6	含泥量	4.4	15	贝壳含量	10.0
7	泥块含量	20.0	16	碱活性	20.0
8	人工砂压碎指标	每个粒级各需1.0	17	硫化物及硫酸盐含量	0.05
9	石粉含量	1.6			

每一项试验项目所需粗骨料的最少取样量按JGJ 52—2006规定，见表3.11。水工混凝土用粗骨料各项试验的最少取样量见表3.12。

表3.11　　粗骨料各项试验的最少取样量

试验项目	粗骨料最少取样量/kg							
	石子最大粒径/mm							
	10.0	16.0	20.0	25.0	31.5	40.0	63.0	80.0
筛分析	8	15	16	20	25	32	50	64
表观密度	8	8	8	8	12	16	24	24
含水率	2	2	2	2	3	3	6	6.0
吸水率	8	8	16	16	16	24	24	32
堆积密度、紧密密度	40	40	40	40	80	80	120	120
含泥量	8	8	24	24	40	40	80	80
泥块含量	8	8	24	24	40	40	80	80
针片状颗粒含量	1.2	4	8	12	20	40	—	—
硫化物及硫酸盐	1.0							

注　有机质含量、坚固性、压碎值指标及碱骨料反应检验，应按试验要求的粒级及质量取样。

表3.12　　混凝土用粗骨料各项试验的最少取样量

试验项目	粗骨料最少取样量/kg			
	石子最大粒径/mm			
	5～20	20～40	40～80	80～150（120）
颗粒级配	10	20	50	200
含泥量	10	10	20	30
泥块含量	5	10	20	40
针片状颗粒含量	2	10	20	40

续表

试验项目	粗骨料最少取样量/kg			
	石子最大粒径/mm			
	5～20	20～40	40～80	80～150（120）
有机质含量	按试验要求的粒级和数量取样			
硫酸盐与硫化物含量	按试验要求的粒级和数量取样			
岩石抗压强度	随机选取完整石块锯切或钻取成试验用样品			
压碎指标值	按试验要求的粒级和数量取样			
表观密度	—	2	4	6
吸水率	—	2	4	6
含水率	—	2	4	6
碱集料反应	20	20	20	20
超逊径颗粒含量	20	20	40	50

4. 引用标准

(1)《建设用砂》(GB/T 14684—2022)。

(2)《建设用卵石、碎石》(GB/T 14685—2022)。

(3)《普通混凝土用砂、石质量及检验方法标准》(JGJ 52—2006)。

(4)《水工混凝土砂石骨料试验规程》(DL/T 5151—2014)。

(5)《水工混凝土试验规程》(SL/T 352—2020)。

5. 检测结果评定

砂石骨料检测结果及合格性判断：除筛分析外，当其余检验项目存在不合格项时，应加倍取样进行复验。当复验仍有一项不满足标准要求时，应按不合格品处理。

3.2.3 细骨料颗粒级配检验

1. 试验目的

通过试验，测定砂的分计筛余量，计算分计筛余百分率、累计筛余百分率和砂的细度模数，评定砂的颗粒级配和粗细程度是否符合规范要求。

2. 主要仪器设备

(1) 砂样标准筛1套。JGJ 52—2006规定：孔径为9.5mm、4.75mm、2.36mm、1.18mm、0.60mm、0.30mm、0.15mm的一套方孔筛；SL/T 352—2020规定：孔径为10mm、5mm、2.5mm、1.25mm、0.63mm、0.315mm、0.16mm的一套方孔筛，并附筛底和筛盖；DL/T 5151—2014规定：孔径为10mm、5mm、2.5mm的圆孔筛，以及1.25mm、0.63mm、0.315mm、0.16mm的方孔筛各一赛，并附筛底和筛盖。

(2) 天平：称量1kg、感量1g。

(3) 摇筛机：电动振动筛，振幅为(0.5±0.12)mm，频率为(50±3)Hz。

(4) 烘箱：控制温度(105±5)℃。

(5) 搪瓷盘、毛刷等。

3. 试样制备

砂样先用孔径 10mm 的方孔筛筛除大于 10mm 的颗粒（算出其筛余百分率并进行记录），然后用四分法缩分至每份不少于 550g 的试样两份，放在（105±5)℃烘箱中烘至恒量，冷却至室温。

4. 试验步骤

(1) 称取烘干试样两份，每份 500g，精确至 1g，记为 m，分别进行试验。

(2) 将试样倒入标准筛中，其筛孔尺寸自上而下由粗到细，顺次排列。

(3) 套筛用摇筛机摇 10min 后，按筛孔大小顺序，在清洁的搪瓷盘上再逐个用手筛，直至每分钟通过量不超过试样总量的 0.1%（即 0.5g）时为止。通过的颗粒并入下一号筛中，并和下一号筛中的砂样一起过筛。这样顺序进行，直至各号筛全部筛完为止。如无摇筛机，可以直接用手筛。

(4) 当砂样在各号筛上的筛余量超过 200g 时，应将该筛余砂样分成两份，再进行筛分，并以两次筛余量之和作为该号筛的筛余量。

砂样为特细砂时，每份砂样量可取 250g，筛分时在 0.16mim 筛以下增加 0.08mm 的方孔筛一只，并记录和计算 0.08mm 筛的筛余量和分级筛余百分率。

(5) 用毛刷轻轻地刷净各筛上遗留的试样。

(6) 称出各个筛上的筛余量 g_n（精确至 1g)。

试样在各号筛上的筛余量不得超过式（3.6）计算出的量：

$$g_n=\frac{A\sqrt{d}}{200} \tag{3.6}$$

式中 g_n——在一个筛上的筛余量，g；

A——筛面面积，mm^2；

d——筛孔尺寸，mm。

若超过时按下述方法之一处理；

1) 将该颗粒试样分成少于按上式计算出的量，分别筛分，并以筛余量之和作为该筛的筛余量。

2) 将该粒级及以下各粒级的筛余混合均匀，称出其质量，精确至 1g；再用四分法分为大致相等的两份，取其中一份，称出其质量，精确至 1g，继续筛分。计算该粒级及以下各粒级的分计筛余量时应根据缩分比例进行修正。

5. 试验结果处理

(1) 按式（3.7）计算各个筛上的分计筛余百分率（计算值精确至 0.1%)：

$$a_n=\frac{g_n}{m}\times 100\% \tag{3.7}$$

式中 g_n、a_n——5.0mm、2.5mm、1.25mm、0.63mm、0.315mm、0.16mm 各个筛上之筛余量，g，相应的分计筛余百分率，%；

m——原试样质量，$m=500$g。

(2) 计算各个筛上的累计筛余百分率 A_n（%)，即该号筛与该号筛以上各筛的分计筛余百分率之和（计算值精确至 0.1%)。

(3) 根据各个筛的累计筛余百分率，各筛筛水（包括筛底）的质量总和与原试样质量之差超过1%时，试验须重做。

(4) 按式（3.8）计算细度模数 M_x（计算值精确至0.01）：

$$M_x=\frac{(A_2+A_3+A_4+A_5+A_6)-5A_1}{100-A_1} \tag{3.8}$$

式中 A_1、A_2、A_3、A_4、A_5、A_6——5.0mm、2.5mm、1.25mm、0.63mm、0.315mm、0.16mm筛上的累计筛余百分率。

(5) 累计筛余取两次试验结果的算数平均值，精确至1%；细度模数取两次试验结果的算术平均值作为试验结果，精确至0.1。如两次试验的细度模数之差超过0.20时，须重新取样进行试验。试验结果按表3.13记录。

表3.13 细骨料颗粒级配记录表

筛孔尺寸/mm	筛余量 m_i/g	分计筛余百分率 a_i/%	累计筛余百分率 A_i/%
4.75			
2.36			
1.18			
0.6			
0.3			
0.15			

3.2.4 细骨料的表观密度检验

表观密度是指材料单位体积（包括内部封闭孔隙）的质量。

1. 试验目的

测定细骨料的表观密度，主要用于混凝土配合比设计，是评定砂料质量的指标之一。

2. 主要仪器设备

(1) 天平：称量1000g，感量1g。

(2) 容量瓶：容量500mL。

(3) 饱和面干试模：金属制，上口直径38mm，下口直径89mm，高73mm，并附一捣棒，捣固端为平头，直径25mm，质量340g。

(4) 电吹风机、烘箱、温度计、搪瓷盘、移液管、毛刷、5.0mm标准筛等。

3. 试样制备

将砂料通过5.0mm筛，用四分法取样。在室温（20±5)℃下进行试验。

(1) 干试样：将1000g左右的细骨料在（105±5)℃烘箱中烘至恒量，并在干燥器内冷却至室温。

(2) 饱和面干试样：取1500g左右的细骨料，装入搪瓷盘中，注入清水，水面应高出试样20mm左右，用玻璃棒轻轻搅拌，排出气泡。静置24h后，将清水倒出，摊开砂样。用电吹风机缓缓吹暖风，并不时搅拌，使细骨料表面的水分蒸发，直至达到饱和面干状态时为止。

饱和面干状态的判定方法：将砂样分两层装入饱和面干试模内（试模放在玻璃板上）。第一层装入试模高度的一半，一手按住试模不得移动，另一手用捣棒自试样表面高约1cm处自由落下，均匀插捣13次；第二层装满试样，再插捣13次：然后刮平表面，轻轻将试模垂直提起。

4. 试验步骤

(1) 称取烘干试样（或饱和面干试样）两份，每份300g（G_1），精确至1g。

(2) 分别将试样装入盛水半满的两个容量瓶中，用手旋转摇动该瓶（手和瓶之间，应垫毛巾，防止传热），使试样充分搅动，排除气泡。对于干试样，应静置24h；对于饱和面干试样，静置30min。

(3) 量出瓶内水温，然后用滴管加水（两次加入容最瓶中的水其温差不得超过2℃）至容量瓶颈500mL刻度线处，塞紧瓶盖，擦干瓶外部的水，称出瓶加砂再加满水的质量G_3，精确至1g。

(4) 倒出瓶内的水和砂样，将瓶洗净，再注水至瓶颈刻度线处，擦干瓶外水分，塞紧瓶盖，称出瓶加满水的质量G_3，精确至1g。

5. 试验结果处理

(1) 按式（3.9）计算砂的表观密度ρ_0（精确至10kg/m^3）：

$$\rho_0=\left(\frac{m_0}{m_0+m_2-m_1}-\alpha_S\right)\times 1000 \tag{3.9}$$

式中 m_0——干试样（或饱和面干试样）质量，g；

m_2——瓶加干试样（或饱和面干试样）再加满水的质量，g；

m_1——瓶加清水的质量，g。

α_S——水温对砂的表观密度影响的修正系数，可按表3.14取用。

表3.14 水温对砂的表观密度影响的修正系数

水温/℃	16	17	18	19	20	21	22	23	24
α_S	0.003	0.004	0.004	0.004	0.005	0.005	0.006	0.006	0.007

(2) 以两次测值的算术平均值作为试验结果，精确至10kg/m^2。如两次测值之差超过20g/cm^{3}时，应重新取样进行试验。试验结果按表3.15记录。

表3.15 细骨料表观密度检测记录表

试验日期： 试样产地： 试样种类：

次数	烘干式试样质量m_0/g	瓶+水+试样质量m_1/g	瓶+水质量m_2/g	表观密度/(g/m^3)	平均值/(g/m^3)
1					
2					

3.2.5 细骨料含水率检验（快速法）

含水率是指材料中所含水的质量与材料干燥状态下质量的百分比。

1. 试验目的

快速测定细骨料的含水率，确保混凝土配合比设计和施工配合比的准确性。

2. 主要仪器设备

(1) 天平：称量1kg，感量1g。

(2) 烘箱：控制温度 (105±5)℃。

(3) 电炉（或火炉）。

(4) 炒盘（铁制或铝制）。

(5) 油灰铲、毛刷等。

3. 试验步骤

(1) 称取试样两份，每份500g，分别进行试验。

(2) 将试样放入已知质量（m_1）的炒盘中，称取试样与炒盘的总重（m_2）。

(3) 置炒盘于电炉上，用铲子不断地翻拌试样，到试样表面全部干燥后，切断电源（或移出火外），再继续翻拌1min，稍予冷却（以免损坏天平）后，称干样与炒盘的总质量（g）。

4. 试验结果处理

(1) 砂的含水率按式（3.10）计算（精确至0.1%）：

$$\omega_{wc}=\frac{m_2-m_3}{m_3-m_1}\times 100 \tag{3.10}$$

式中 ω_{wc}——砂的含水率，%；

m_1——炒盘质量，g；

m_2——未烘干的试样与炒盘的总质量，g；

m_3——烘干后的试样与炒盘的总质量，g。

(2) 以两次试验结果的算术平均值作为测定值，精确至0.1%。试验结果按表3.16记录。

表3.16 细骨料含水状态记录表

试验日期： 试样产地： 试样种类：

次数	炒盘质量 m_1/g	未烘干后的试样与炒盘的总质量 m_2/g	烘干后的试样与炒盘的总质量 m_3/g	含水率/%	含水率平均值/%
1					
2					

3.2.6 细骨料堆积密度检验

骨料在自然堆积状态下单位体积的质量称为堆积密度。

1. 试验目的

测定细骨料松散状态下的堆积密度，可供砌筑砂浆配合比设计用，为估算细骨料的堆积体积及质量、计算其空隙率提供依据。

2. 主要仪器设备

(1) 天平：称量5kg，感量1g。

(2) 容量筒：金属制圆柱形，内径108mm，净高109mm，筒壁厚2mm，容积约为1L，筒底厚为5mm。

(3) 标准漏斗或铝制料勺。

(4) 烘箱：控制温度 (105±5)℃。

(5) 直尺、浅盘等。

3. 试样制备及容量筒容积的校正

用浅盘装样品约10kg，在温度为 (105±5)℃的烘箱中烘干至恒重，取出并冷却至室温，分成大致相等的两份备用。试样烘干后如有结块，应在试验前先予捏碎。

容量筒容积的校正：以温度为 (20±2)℃的饮用水装满容量筒，用玻璃板沿筒口滑移，使其紧贴水面。擦干筒外壁水分，然后称质量。将总质量减去容量筒和玻璃的质量后除以水的密度即得容量筒的容积 V。

4. 试验步骤

取试样一份，用漏斗或铝制料勺徐徐装入容量筒（漏斗出料口或料勺距容量筒筒口不应超过5cm），直至试样装满并超出容量筒筒口。然后用直尺将多余的试样沿筒口中心线向两个相反方向刮平，称其质量。

5. 试验结果处理

(1) 堆积密度 ρ 按式 (3.11) 计算（精确至 $10kg/m^3$）：

$$\rho'_0=\frac{G_2-G_1}{V}\times 1000 \tag{3.11}$$

式中 G_1——容量筒的质量，kg；

G_2——容量筒和砂的总质量，kg；

V——容量筒容积，L。

(2) 空隙率按式 (3.12) 计算（精确至1%）：

$$V_0=\frac{1-\rho'_0}{\rho_0}\times 100 \tag{3.12}$$

式中 V_0——空隙率，%；

ρ'_0——试样的堆积密度，kg/m^3；

ρ_0——试样的表观密度，kg/m^2。

(3) 堆积密度取两次试验结果的算术平均值，精确至 $10kg/m^3$。空隙率取两次试验结果的算术平均值，精确至1%。试验结果按表3.17记录。

表3.17 细骨料堆积密度检测记录表

试验日期： 试样产地： 试样种类：

次数	容量筒体积 V/L	容量筒质量 G_1/kg	筒+砂质量 G_2/kg	砂质量 /kg	堆积密度 /(kg/m^3)	堆积密度平均值 /(kg/m^3)
1						
2						

3.2.7 细骨料含泥量检验

含泥量：砂中粒径小于 $75\mu m$ (GB/T 14684—2022) 的颗粒含量，细骨料含泥量包括黏土、微泥及细屑含量。

1. 试验目的

测定细骨料中的含泥量，评定细骨料质量。

2. 主要仪器设备

(1) 天平：称量1kg，感量1g。

(2) 筛：孔径为0.08mm及1.25mm的筛各一只。

(3) 烘箱：控制温度(105±5)℃。

(4) 洗砂用的容器及烘干用的浅盘等：要求容器冲洗试样时保持试样不溅出（深度大于250mm)。

(5) 搪瓷盘、毛刷等。

3. 试样制备

将样品在潮湿状态下用四分法缩分至约100g，置于温度为(105±5)℃的烘箱中烘干至恒重，冷却至室温后，立即称取各为500g (G) 的试样两份备用。

4. 试验步骤

(1) 取烘干的试样一份置于容器中，并注入清水，使水面高出砂面约150mm，充分拌混均匀后，浸泡2h，然后用手在水中淘洗试样，使尘屑、淤泥和黏土与砂粒分离，并使之悬浮或溶于水中。

(2) 约1min后，把浑水缓缓地倒入1.25mm及0.08mm的套筛（1.25mm筛放在上面）上，滤去小于0.08mm的颗粒。试验前筛子的两面应先用水润湿，在整个试验过程中应注意避免砂粒丢失；再次加水于筒中，重复上述过程，直到筒内洗出的水清澈为止。

(3) 用水冲洗剩留在筛上的细粒，并将0.08mm筛放在水中（使水面略高出筛中砂粒的上表面）来回摇动，以充分洗除小于0.08mm的颗粒；然后将两只筛上剩留的颗粒和筒中已经洗净的试样一并装入浅盘，置于温度为(105±5)℃的烘箱中烘干至恒重，取出来冷却至室温后，称试样的质量G_1。

5. 试验结果处理

(1) 细骨料含泥量Q按式(3.13)计算（精确至0.1%)：

$$Q=\frac{G-G_1}{G}\times 100 \tag{3.13}$$

式中 G——试验前的烘干试样质量，g；

G_1——试验后的烘干试样质量，g。

(2) 以两个试样试验结果的算术平均值作为测定值。两次结果的差值超过0.5%时，应重新取样进行试验。试验结果按表3.18记录。

表3.18 细骨料含泥量检验记录表

试验日期： 试样产地： 试样种类：

次数	试验前的烘干试样质量G/g	试验后的烘干试样质量G_1/g	含泥量Q/%	含泥量平均值/%
1				
2				

3.2.8 细骨料泥块含量检验

泥块含量：砂中粒径大于 1.18mm（GB/T 14684—2022），经水洗、手捏后变成小于 600μm 的颗粒含量。

1. 试验目的

测定细骨料中的泥块含量，评定细骨料质量。

2. 主要仪器设备

(1) 天平：称量 1kg，感量 1g。

(2) 筛：孔径为 1.25mm 及 0.63mm 的筛各一只。

(3) 烘箱。控制温度（105±5)℃。

(4) 搪瓷盘、毛刷、铝铲等。

3. 试验步骤

(1) 称取烘干的砂样 500g（G_0）两份，按下述步骤分别进行测试。

(2) 将砂样用 1.25mm 筛筛分，称取 1.25mm 以上的砂样质量（G），不得少于 10g，否则需增加筛分前的砂样量。

(3) 将 1.25mm 以上的砂样在搪瓷盘中摊成薄层，用手捏碎所有的泥块，然后用 0.63mm 筛过筛，称出剩余砂样的质量（G_1）。

4. 试验结果处理

(1) 细骨料泥块含量 Q_c，按式（3.14）计算（精确至 0.1%）：

$$Q_c=\frac{G-G_1}{G_0}\times 100 \tag{3.14}$$

式中 Q_c——泥块含量，%；

G——1.25mm 以上砂样质量，g；

G_1——筛除泥块后砂样质量，g；

G_0——砂样质量，g。

(2) 以两个试样试验结果的算术平均值作为测定值。试验结果按表 3.19 记录。

表 3.19 细骨料泥块含量检验记录表

试验日期： 试样产地： 试样种类：

次数	砂样质量 G_0/g	1.25mm 以上砂样质量 G/g	筛除泥块后砂样质量 G_1/g	泥块含量 Q_c/%	泥块含量平均值/%
1					
2					

3.2.9 细骨料中氯离子含量检验

1. 试验目的

检测细骨料中氯离子含量，评定细骨料的质量，为评定混凝土耐久性提供依据。

2. 主要仪器设备和试剂

(1) 天平：称量 1000g，感量 1g。

(2) 带塞磨口瓶：容量 1L。

(3) 三角瓶：容量300mL。

(4) 滴定管：容量10mL或25mL。

(5) 容量瓶：容量500mL。

(6) 移液管：容量50mL，单位刻度2mL。

(7) 5%铬酸钾指示剂溶液。

(8) 0.01mol/L的硝酸银标准溶液。

3. 试样制备

取经缩分后样品2kg，在温度(105±5)℃的烘箱中烘干至恒重，经冷却至室温备用。

4. 试验步骤

(1) 称取试样500g (m)，装入带塞磨口瓶中，用容量瓶取500mL蒸馏水，注入磨口瓶内，加上塞子，摇动一次，放置2h，然后每隔5min摇动一次，共摇动3次，使氯盐充分溶解，将磨口瓶上部已澄清的溶液过滤，然后用移液管吸取50mL滤液，注入三角瓶中，再加入5%铬酸钾指示剂1mL，用0.01mol/L硝酸银标准溶液滴定至呈现砖红色，记录消耗的硝酸银标准溶液的毫升数(V_1)。

(2) 空白试验：用移液管准确吸取50mL蒸馏水到三角瓶内，加入5%铬酸钾指示剂1mL，并用0.01mol/L的硝酸银标准溶液滴定至溶液呈砖红色，记录此点消耗的硝酸银标准溶液的毫升数(V_2)。

5. 试验结果处理

砂中氯离子含量ω_{c1}按式(3.15)计算(精确至0.01%)：

$$\omega_{c1}=\frac{C_{AgNO_3}(V_1-V_2)\times 0.0355\times 10}{m}\times 100 \tag{3.15}$$

式中 ω_{c1}——砂中氯离子含量，%；

C_{AgNO_3}——硝酸银标准溶液的浓度，mol/L；

V_1——样品滴定时消耗的硝酸银标准溶液的体积，mL；

V_2——空白试验时消耗的硝酸银标准溶液的体积，mL；

m——试样质量，g。

3.2.10 粗骨料颗粒级配检验

1. 试验目的

检测颗粒级配，评定粗骨料质量，为混凝土配合比设计提供依据。

2. 主要仪器设备

(1) 方孔筛：孔径为150(或120)mm、80mm、40mm、20mm、10mm、5mm的方孔筛，以及筛的底盘和盖各一只。

(2) 台秤：称量10kg，感量5g。

(3) 磅秤：称量50kg，感量50g。

(4) 铁锹、铁盘或其他容器等。

(5) 摇筛机。

3. 试样制备

试验前，用四分法选取风干试样，试样质量略重于规定的数量。

4. 试验步骤

(1) 将试样按筛孔大小顺序过筛，当每号筛上筛余层的厚度大于试样的最大粒径值时，应将该号筛上的筛余分成两份，再次进行筛分，直至各筛每分钟的通过量不超过试样总量的0.1%。

(2) 称取各筛筛余的质量。

5. 试验结果处理

(1) 由各筛上的筛余量除以试样总质量计算分计筛余百分率（精确至0.1%）。

(2) 计算各筛上的累计筛余百分率，即该号筛与该号筛以上各筛的分计筛余百分率之和（精确至0.1%）。

(3) 以两次测值的平均值作为试样结果。筛分后，如每号筛上的筛余量与底盘上的余量之和与原试样量相差超过1%，应重新试验。试验结果按表3.20记录。

表3.20 粗骨料颗粒级配记录表

试验日期： 试样产地： 试样种类：

筛孔尺寸边长/mm	第一次筛分			第二次筛分			备注
	筛余量/g	分计筛余百分率/%	累计筛余百分率/%	筛余量/g	分计筛余百分率/%	累计筛余百分率/%	
90.0							
75.0							
37.5							
19.0							
9.5							
4.75							
2.36							
筛底							

3.2.11 粗骨料表观密度及吸水率检验

1. 试验目的

评定粗骨料质量，为混凝土配合比设计提供依据。

2. 主要仪器设备

(1) 天平：称量5kg，感量1g，能在水中称重。

(2) 网篮：直径和高度均为200mm，网孔孔径小于5mm。

(3) 盛水容器：有溢流孔。

(4) 烘箱：控制温度（105±5)℃。

(5) 方孔筛：孔径为5mm的筛一只。

(6) 台秤：称量10kg，感量5g。

(7) 搪瓷盘、毛巾等。

3. 试样制备

试验前，按相关规定取样，并缩分至略大于规定的数量，风干后将样品筛去

5mm以下的颗粒，用自来水将试样冲洗干净后分成两份备用。

4. 试验步骤

(1) 将试样浸入盛水的容器中，水面至少高出试样50mm，浸泡24h。

(2) 将网篮全部浸入盛水筒中，称出网篮在水中的质量。将浸泡后的试样装入网篮内，放入盛水筒中，用上下升降网篮的方法排除气泡（试样不得露出水面），称出试样制网篮在水中的总质量。两者之差即为试样在水中的质量 G_2（注：两次称量时，水的温度相差不得大于2℃）。

(3) 将试样从网篮中取出，用拧干后的湿毛巾吸干试样表面多余水分至饱和面干状态，并立即称重 G_3。

(4) 将饱和面干试样放入 (105±5)℃的烘箱中烘干至恒重，冷却后称重 G_1。

5. 试验结果处理

(1) 表观密度 ρ_0 和吸水率 ω_m 分别按式（3.16）和式（3.17）计算（分别精确至10kg/m³和0.01%）：

$$\rho_0=\frac{G_1(G_3)\rho_w}{G_1(G_3)-G_2}\times 1000 \tag{3.16}$$

$$\omega_m=\frac{G_3-G_1}{G_1}\times 100 \tag{3.17}$$

式中 G_1——试样的烘干质量，g；

G_2——试样在水中的质量，g；

G_3——饱和面干试样在空气中的质量，g；

ρ_w——水的密度，kg/m³。

(2) 以两次试验结果的算术平均值作为测定值。如两次结果的差值大于20kg/m³或两次吸水率试验测值相差大于0.2%时，试验应重做。试验结果按表3.21记录。

表3.21 粗骨料表观密度及吸水率检验记录表

石子种类： 试样状态： 产地： 试验日期：

次数	式样烘干质量 G_1/g	试样在水中的质量 G_2/g	饱和面干试样在空气中的质量 G_3/g	表观密度/(kg/m³)		吸水率/%
				干表观密度	饱和面干表观密度	
1						
2						
表观密度与吸水率平均值						

3.2.12 粗骨料堆积密度检验

粗骨料的堆积密度有松散堆积密度和紧密堆积密度之分，它的大小是粗骨料级配优劣和空隙多少的重要标志。

1. 试验目的

检测堆积密度，估算粗骨料的堆积体积、质量，计算其空隙率。为混凝土配合比设计提供依据。

2. 主要仪器设备

(1) 振动台：频率 (50±3)Hz，振幅 (0.35±0.05)mm，最大荷载 250kg。

(2) 磅秤；称量 50kg 或 200kg 各一台，感量分别为 50g 和 200g。

(3) 容量筒：金属制，具有一定刚度，不变形，其规格见表 3.22。

(4) 拌和铁铲、平口铁锹等。

(5) 钢尺等。

表 3.22 容量筒规格表

粗骨料最大粒径/mm	容量筒容积/L	容量筒规格/mm	
		直径	高度
40	5	186	186
80	15	267	267
150 或 120	80	467	467

3. 试样制备及容量筒选定

试验前，按规定取具有代表性的气干试样或一定级配比例的气干石料，搅拌均匀，分为大致相等的两份备用。根据粗骨料最大粒径确定相应容积的容量筒。

4. 试验步骤

(1) 松散堆积密度；取试样一份，先用平口铁锹将试样从容量筒口中心上方 5cm 处自由落入筒中，直至试样高出筒口，用钢尺沿筒口边缘刮去高出筒口的颗粒，用适当的颗粒填平凹处，使表面稍凸起部分和凹陷部分的体积大致相等，称取试样和容量筒共重 G_2。

(2) 紧密堆积密度：取试样一份，用平口铁锹将试样从容量筒口中心上方 5cm 处自由落入筒中，放在振动台上振动 2～3min。或将容量筒置于坚实的平地上，在筒底垫放一根直径为 25mm 的钢筋，将试样分三层距容量筒上口 5cm 高处装入筒中，每装完一层后，将筒按住，左右交替颠击地面各 25 次。在振实或颠实完毕后，再加试样直至超出筒口，按松散堆积密度的方法平整表面，称取试祥和容量筒共重 G_2。

5. 试验结果处理

(1) 松散堆积密度 ρ'_0 或紧密堆积密度 ρ'_1 按式 (3.18) 计算 (精确至 $10kg/m^3$)：

$$\rho'_0(\rho'_1)=\frac{G_2-G_1}{V}\times 1000 \tag{3.18}$$

式中 G_1——容量筒的质量，kg；

G_2——容量筒和试样总质量，kg；

V——容量筒的容积，L。

(2) 以两次试验结果的算术平均值作为测定值，如两次测值相差超过 $20kg/m^3$ 时，试验应重做。试验结果按表 3.23 记录。

表 3.23 粗骨料堆积密度检验记录表

试验日期： 试样规格： 试样种类：

次数	容量筒容积 V/L	容量筒质量 G_1/kg	筒+砂质量 G_2/kg	砂质量 /kg	堆积密度 /(kg/m³)	堆积密度 平均值/(kg/m³)
1						
2						

(3) 空隙率 p' 按式 (3.19) 计算 (精确至1%)：

$$p'=\left(1-\frac{\rho_0'}{\rho_0}\right)\times 100 \tag{3.19}$$

式中 ρ_0'——试样的紧密堆积密度或松散堆积密度，kg/m³；

ρ_0——试样的表观密度，kg/m³。

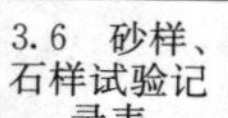
3.6 砂样、石样试验记录表

(4) 空量筒容积的校正应以 (20±5)℃的饮用水装满容量筒，用一玻璃板沿筒口滑移，使其紧贴水面，然后晾干筒外壁水分后称重。用式 (3.20) 计算容积 V：

$$V=G_2'-G_1' \tag{3.20}$$

式中 G_1'——容量筒和玻璃板质量，kg；

G_2'——容量筒、玻璃板和水总重，kg。

任务3.3 混凝土的检测

混凝土的质量控制包括以下三个过程：一是施工前质量控制，包括人员配备、设备调试、原材料进场检验及配合比的确定与调整等内容；二是施工过程控制，包括控制称量、搅拌、运输、浇筑、捣实及养护等内容；三是混凝土合格性控制，包括批量划分、确定取样批数、确定检测方法和验收范围。以下简述主要控制内容。

3.3.1 原材料的检验

混凝土中的各种原材料应经检验合格后方可使用。

3.3.2 配合比的控制检验

1. 配合比设计

普通混凝土的配合比设计，应按规范规定，根据混凝土强度等级、耐久性、和易性等要求进行设计。有特殊要求的混凝土，其配合比设计尚应符合国家现行标准的专门规定。

2. 开盘鉴定

首次使用的混凝土配合比应进行开盘鉴定，其和易性应满足设计配合比的要求。开始生产时应至少留一组标准养护试件，作为验证配合比的依据。

3. 施工配合比

混凝土拌制前，应测定砂、石含水率，并根据测试结果调整材料用量，提出施工配合比。当遇雨天或含水率有显著变化时，应增加含水率检测次数，并及时调整材料用量。

4. 称量允许偏差

混凝土原材料每盘称量的允许偏差如下：水泥、掺合料、水、外加剂为±2%，粗、细骨料为±3%；每工作班抽查不应少于一次。

3.3.3 混凝土拌和物的质量控制

1. 拌和物测试

混凝土搅拌完毕后，应在搅拌地点和浇筑地点分别取样，检测坍落度，每4h检测1～2次；原材料配料称量每8h不应少于2次；拌和时间每4h检测1次；引气混凝土含气量每4h检测1次；温度、气温每4h检测1次。

2. 混凝土试件的留置

《混凝土结构工程施工质量验收规范》（GB 50204—2015）规定，用于检查结构构件混凝土强度的试件，应在混凝土的浇筑地点随机抽取，每拌制100盘且不超过100m^3的同配合比的混凝土取样不得少于1次；每工作班拌制的同一配合比的混凝土不足100盘时，取样不得少于1次；当1次连续浇筑超过100m^3时，同一配合比的混凝土每200m^3取样不得少于1次；每一楼层同一配合比的混凝土，取样不得少于1次。每次取样应至少留置1组标准养护试件，同条件养护试件的留置组数应根据实际需要确定。有抗渗要求的混凝土结构，其混凝土试件应在浇筑地点随机取样。同一工程、同一配合比的混凝土，取样不应少于1次，留置组数可根据实际需要确定。

《水工混凝土施工规范》（DL/T 5144—2015）规定，现场混凝土质量检验以抗压强度为主，并以150mm立方体试件的抗压强度为标准。混凝土试件以机口随机取样为主，每组混凝土的3个试件应在同一储料斗或运输车厢内的混凝土中取样制作。浇筑地点试件取样数量宜为机口取样数量的10%，并按下列规定确定其强度代表值。大体积混凝土28d龄期每500m^3成型一组，设计龄期每100m^3成型一组；非大体积混凝土28d龄期每100m^3成型一组，设计龄期每200m^3成型一组。有抗拉要求的混凝土结构，其28d龄期100m^3成型一组，设计龄期每200m^3成型一组。有抗拉要求的混凝土结构，其28d龄期每2000m^3成型一组，设计龄期每3000m^3成型试件一组。有抗渗、抗冻或其他特殊要求的混凝土结构，其在施工中适量取样检验，数量可按每季度施工的主要部位取样成型1～2组。

3.3.4 混凝土养护

1. 混凝土施工现场养护

混凝土浇筑完毕后，应按下列规定进行养护：

（1）应在浇筑完毕12h内对混凝土加以覆盖并保湿养护。

（2）混凝土浇水养护的时间：对采用硅酸盐水泥、普通水泥或矿渣水泥拌制的混凝土，不得少于7d；对掺用缓凝剂或有抗渗要求的混凝土，不得少于14d。

（3）浇水次数应能保持混凝土处于湿润状态；混凝土养护用水应与拌制用水相同；当日平均气温低于5℃时，不得浇水。

（4）采用塑料布覆盖养护的混凝土，其敞露的全部表面应覆盖严密，并应保持塑料布内有凝结水。

（5）混凝土强度达到1.2N/mm^2前，不得在其上踩踏或安装模板及支架。

2. 混凝土试件养护

《混凝土物理力学性能试验方法标准》（GB/T 50081—2019）规定，检查结构构件混凝土强度的试件留置，有标准养护试件和同条件养护试件：确定混凝土强度等级或进行材料性能研究时应采用标准养护，在施工过程中作为检测混凝土构件实际强度的试件应采用同条件养护。

（1）标准养护：在温度为（20±5）℃的环境中静置1～2昼夜，然后编号、拆模，拆模后立即放入温度为（20±2）℃、相对湿度为95%以上的标准养护室中养护，或在温度为（20±2）℃的不流动的氢氧化钙饱和溶液中养护。标准养护室内的试件应放在支架上，彼此间隔10～20mm，试件表面应保持潮湿，并不得被水直接冲淋。龄期从搅拌加水开始计时，养护龄期的允许偏差应符合表3.24规定。

表3.24 养护龄期允许偏差

养护龄期	1d	3d	7d	28d	56d或60d	≥84d
允许偏差	±30min	±2h	±6h	±20h	±24h	±48h

（2）同条件养护：同条件养护混凝土试件，因为与结构混凝土的实际组成成分、养护条件等相同，可较好地反映结构混凝土的强度。由于同条件养护的温度、湿度与标准养护条件存在差异，故等效养护龄期并不等于28d。通常等效养护龄期的确定，一是以逐日累计养护温度达到600℃（当气温为0℃及以下时，不计入等效养护龄期）且不少于14d，二是逐日累计养护温度未达到600℃而养护龄期已达到60d。以优先达到两个条件之一的龄期作为有效养护龄期。同条件养护试件检验时，可将同组试件的强度代表值乘以折算系数1.10后，按现行国家标准《混凝土强度检验评定标准》（GB/T 50107—2010）评定。

3.3.5 混凝土强度评定

混凝土强度应分批进行检验评定。一个验收批的混凝土，应由强度等级相同、龄期相同以及生产工艺条件和配合比基本相同的混凝土组成。对施工现场的现浇混凝土，应按单位工程的验收项目划分验收批，每个验收项目应根据实际情况按照《水利水电工程施工质量检验与评定规程》（SL 176—2007）或《混凝土强度检验评定标准》（GB/T 50107—2010）确定。

（1）同一强度等级的混凝土试块，28d龄期抗压强度的组数$n \geq 30$时，强度质量应符合表3.25的要求。

表3.25 混凝土试块28d龄期抗压强度质量标准

项目		质量标准	
		优良	合格
任何一组试块抗压强度最低不得低于设计值		90%	85%
无筋（或少筋）混凝土强度保证率		85%	80%
配筋混凝土强度保证率		95%	90%
混凝土抗压强度的离差系数	<20MPa	<0.18	<0.22
	≥20MPa	<0.14	<0.18

注 强度保证率是设计要求在施工中抽样检验混凝土的抗压强度，必须大于或等于某一强度的概率。

（2）同一强度等级的混凝土试块，28d龄期抗压强度的组数 $30>n\geqslant5$ 时，混凝土试块强度应同时满足式（3.21）～式（3.23）的要求。

$$R_n-0.7S_n>R_{标} \tag{3.21}$$

$$R_n-1.60S_n\geqslant0.83R_{标}（当 R_{标}\geqslant20\text{MPa}） \tag{3.22}$$

或

$$R_n-1.60S_n\geqslant0.80R_{标}（当 R_{标}<20\text{MPa}） \tag{3.23}$$

其中

$$S_n=\sqrt{\frac{\sum_{i=1}^{n}(R_i-R_n)^2}{n-1}}$$

式中　S_n——n 组试件强度的标准差，MPa，当统计得到的 $S_n<2.0$（或1.5）MPa时，应取 $S_n=2.0$MPa（$R_{标}\geqslant20$MPa）或 $S_n=1.5$MPa（$R_{标}<20$MPa）；

R_n——n 组试件强度的平均值，MPa；

R_i——单组试件强度，MPa；

$R_{标}$——设计28d龄期抗压强度值，MPa；

n——样本容量。

（3）同一强度等级的混凝土试块，28d龄期抗压强度的组数 $5>n\geqslant2$ 时，混凝土试块强度应同时满足式（3.24）、式（3.25）的要求。

$$\overline{R}\geqslant1.15R_{标} \tag{3.24}$$

$$R_{\min}\geqslant0.95R_{标} \tag{3.25}$$

式中　$\overline{R}$——n 组试块强度的平均值，MPa；

$R_{标}$——设计28d龄期抗压强度值，MPa；

$R_{\min}$——n 组试块中强度最小一组的值，MPa。

（4）同一强度等级的混凝土试块，28d龄期抗压强度的组数只有一组时，混凝土试块强度应满足式（3.26）的要求。

$$R\geqslant1.15R_{标} \tag{3.26}$$

式中　R——试块强度实测值，MPa；

$R_{标}$——设计28d龄期抗压强度值，MPa。

任务3.4　混凝土的取样及性能检验

3.4.1　混凝土取样及性能检验有关规定

1. 引用标准

（1）《水工混凝土试验规程》（SL/T 352—2020）。

（2）《普通混凝土配合比设计规程》（JGJ 55—2011）。

（3）《水利水电工程施工质量检验与评定规程》（SL 176—2007）。

（4）《普通混凝土拌合物性能试验方法标准》（GB/T 50080—2016）。

（5）《混凝土物理力学性能试验方法标准》（GB/T 50081—2019）。

2. 取样

（1）同1组混凝土排和物的取样应从同一盘混凝土或同一车混凝土中取样，取样量应多于试验所需量的1.5倍，且不小于20L。

(2) 取样应具有代表性，宜采用多次采样的方法。一般在同一盘混凝土或同一车混凝土中的约1/4处、1/2处和3/4处之间分别取样，从第一次取样到最后一次取样不宜超过15min，然后人工搅拌均匀。

(3) 从取样完毕到开始做各项性能试验不宜超过5min。

3. 记录

(1) 取样记录：取样日期和时间，工程名称，结构部位，混凝土强度等级，取样方法，试样编号，试样数量，环境温度及取样的混凝土温度。

(2) 试样制品记录：试验室温度，各种原材料品种、规格、产地及性能指标，混凝土配合比和每盘混凝土的材料用量。

3.4.2 混凝土拌和物室内拌和方法

1. 试验目的

为室内试验提供混凝土拌和物。

2. 仪器设备

(1) 混凝土搅拌机：容量50～100L，转速18～22r/min。

(2) 拌和钢板：平面尺寸不小于1.5mm×2.0m，厚5mm左右。

(3) 磅秤：称量50～100kg，感量50g。

(4) 台秤：称量10kg，感量5g。

(5) 天平：称量1000g，感量0.5g。

(6) 盛料容器和铁铲等。

3. 操作步骤

(1) 人工拌和步骤。

1) 人工拌和在钢板上进行，拌和前应将钢板及铁铲清洗干净，并保持表面润湿。

2) 将称好的砂料、胶凝材料（水泥和掺合料预先拌均匀）倒在钢板上，用铁铲翻拌至颜色均匀，再放入称好的石料与之拌和，至少翻拌3次，然后堆成锥形。将中间扒成凹坑，加入拌和用水（外加剂一般先溶于水），小心拌和，至少翻拌6次，每翻拌一次后，用铁铲将全部拌和物铲切一次。拌和从加水完毕时算起，应在10min内完成。

(2) 机械拌和步骤。

1) 机械拌和在搅拌机中进行。拌和前应将搅拌机冲洗干净，并预拌少量同种混凝土拌和物或水胶比相同的砂浆，使搅拌机内壁挂浆后将剩余料卸出。

2) 将称好的石料、胶凝材料、砂料、水（外加剂一般先溶于水）依次加入搅拌机，开动搅拌机搅拌2～3min。

3) 将拌好的混凝土拌和物卸在钢板上，刮出黏结在搅拌机上的拌和物，用人工翻拌2～3次，使之均匀。

材料用量以质量计。称量精度，水泥、掺合料、水和外加剂为±0.3%，骨料力±0.5%。

(3) 混凝土拌和注意事项

(1) 在拌和混凝土时，拌和物温度保持在（20±5)℃，对所拌制的混凝土拌和物应避免阳光照射及吹风。

(2) 用以拌制混凝土的各种材料，其温度应与拌和间温度相同。

(3) 砂、石料用量均以饱和面干状态（建工行业为干燥状态）下的质量为准。

(4) 人工拌和一般用于拌和较少量的混凝土，采用机械拌和时，一次拌和量不宜少于搅拌机容量的20%，也不宜大于搅拌机容量的80%。

3.4.3 混凝土拌和物坍落度检验

1. 试验目的

该试验用以测定混凝土拌和物的坍落度，以评定混凝土拌和物的和易性；必要时，也可用于评定混凝土拌和物和易性随拌和物停置时间的变化。本试验适用于粗骨料最大粒径不超过40mm、坍落度10～230mm的混凝土拌和物。

3.7 混凝土拌和物坍落度试验

2. 仪器设备

(1) 坍落度筒：用2～3mm厚的铁皮制成，筒内壁必须光滑。

(2) 捣棒：直径16mm、长650mm，一端为弹头形的金属棒。

(3) 300mm钢尺2把、40mm孔径筛、装料漏斗、镘刀、小铁铲、温度计等。

3. 试验步骤

(1) 按前面规定拌制混凝土拌和物。若骨料粒径超过40mm，应采用湿筛法剔除。

注：湿筛法是对刚拌制好的混凝土拌和物，按试验所规定的最大骨料粒径选用对应的孔径筛进行湿筛，筛除超过规定粒径的骨料，再用人工将筛下的混凝土拌和物翻拌均匀的方法。

(2) 将坍落度筒冲洗干净并保持湿润，放在测量用的钢板上，双脚踏紧踏板。

(3) 将混凝土拌和物用小铁铲通过装料漏斗分3层装入筒内，每层体积大致相等。底层厚约70mm，中层厚约90mm。每装一层，用捣棒在筒内从边缘到中心按螺旋形均匀插捣25次，插捣深度：底层应穿透该层，中、上层应分别插进其下层约10～20mm。

(4) 上层插捣完毕，取下装料漏斗，用镘刀将混凝土拌和物沿筒口抹平，并清除筒外周围的混凝土。

(5) 将坍落度筒徐徐竖直提起，轻放于试样旁边。当试样不再继续坍落时，用钢尺量出试样顶部中心点与坍落度筒高度之差，即为坍落度值，精确至1mm。

(6) 整个坍落度试验应连续进行，并应在2～3min内完成。

(7) 若混凝土试样发生一边坍陷或剪坏，则该次试验作废，应取另一部分试样重做试验。

(8) 测记试验时混凝土拌和物的温度。

4. 试验结果评定

混凝土拌和物的坍落度以mm计，取整数。在测定坍落度的同时，可目测评定混凝土拌和物的下列性质：

(1) 棍度。根据做坍落度时插捣混凝土的难易程度分为上、中、下三级：上，表示容易插捣；中，表示插捣时稍有阻滞感觉；下，表示很难插捣。

(2) 黏聚性。用捣棒在做完坍落度试验的试样一侧轻打，如试样保持原状而渐渐下沉，表示黏聚性较好；若试样突然坍倒、部分崩裂或发生石子离析现象，表示黏聚性不好。

(3) 含砂情况。根据镘刀抹平程度分多、中、少三级：多，用镘刀抹混凝土拌和物表面时，抹1～2次就可使混凝土表面平整无蜂窝；中，抹4～5次就可使混凝土表面平整无蜂窝；少，抹面困难，抹8～9次后混凝土表面仍不能消除蜂窝。

(4) 析水情况。根据水分从混凝土拌和物中析出的情况分多量、少量、无三级：多量，表示在插捣时及提起坍落度筒后就有很多水分从底部析出；少量，表示有少量水分析出；无，表示没有明显的析水现象。

注：本试验可用于评定混凝土拌和物和易性随时间的变化，如坍落度损失。此时可将拌和物保湿停置规定时间（如3min、60nin、90min、120min等）再进行上述试验（试验前将拌和物重新翻拌2～3次），将试验结果与原试验结果进行比较，从而评定拌和物和易性随时间的变化。

当实测混凝土拌和物的坍落度在设计范围之间，混凝土坍落度指标合格；当实测混凝土拌和物的坍落度不在设计范围之间，则混凝土坍落度指标不合格，这时需要调整水泥浆的数量。

5. 试验记录表（表3.26）

表3.26　　混凝土拌和物坍落度检验记录表

水泥品种、强度等级：　　　　混凝土设计等级：

施工稠度：　　　　拌和法：　　　　试验日期：

次数	材料用量						坍落度/mm	棍度	黏聚性	含砂情况	析水情况
	水/g	水泥/g	矿物掺合料/g	砂/g	石/g	外加剂					
1											
2											
3											

3.4.4 混凝土拌和物表观密度检验

1. 试验目的

用于测定混凝土拌和物单位体积的质量，为配合此计算提供依据。

2. 仪器设备

(1) 容量筒：金属制圆筒，筒壁应有足够刚度，使之不易变形，规格见表3.27。

表3.27　　容量筒规格表

骨料最大粒径/mm	容量筒容积/L	容量筒内部尺寸/mm	
		直径	高度
40	5	186	186
80	15	267	267
150 (120)	80	467	467

(2) 磅秤：根据容量筒容积的大小，选择适宜称量的磅秤（称量 50～250kg、感量 50～100g）。

(3) 捣棒、玻璃板（尺寸稍大于容量筒口）、金属直尺等。

3. 试验步骤

(1) 测定容量筒容积时，将干净的容量筒与玻璃板一起称其质量，再将容量筒装满水，仔细用玻璃板从筒口的一边推到另一边，使筒内满水及玻璃板下无气泡，擦干筒、盖的外表面，再次称其质量。两次质量之差即为水的质量；除以该温度下水的密度，即得容量筒容积 V_c（在正常情况下，水温影响可以忽略不计，水的密度可取为 1kg/L)。

(2) 按前面规定的方法拌制混凝土。

(3) 擦净空容量筒，称其质量 G_1。

(4) 将混凝土拌和物装入容量筒内，在振动台上振至表面泛浆。若用人工插捣，则将混凝土拌和物分层装入筒内，每层厚度不超过 150mm，用捣棒从边缘至中心螺旋形插捣，每层插捣次数按容量筒容积分为：5L15 次、15L35 次、80L72 次。底层插捣至底面，以上各层插至其下层 10～20mm 处。

(5) 沿容量筒口刮除多余的拌和物，抹平表面，将容量筒外部擦净，称其质量 G。

4. 试验结果评定

表观密度按式（3.27）计算（精确至 10kg/m²)。

$$\rho_h = \frac{G_0 - G_1}{V_c} \times 1000 \tag{3.27}$$

式中 ρ_h——混凝土拌和物的表观密度，kg/m²；

G_0——混凝土拌和物及容量筒总质量，kg；

G_1——容量筒质量，kg；

V_c——容量筒的容积，L。

当实测混凝土表观密度在普通混凝土表观密度范围之间，混凝土表观密度合格；当实测混凝土表观密度不在普通混凝土表观密度范围之间，则混凝土表观密度不合格。

5. 试验记录表（表 3.28）

表 3.28　混凝土拌和物表观密度检验记录表

水泥品种、强度等级：　　　　混凝土设计等级：

施工稠度：　　　　拌和法：　　　　试验日期：

编号	材料用量 /g	容量筒容积 /L	混凝土＋容量筒质量 G_0/kg	混凝土拌合物质量 /kg	表观密度 ρ_h /(kg/m³)
1					
2					

3.4.5 混凝土试件的成型与养护方法

1. 试验目的

为室内混凝土性能试验制作试件。

2. 仪器设备

(1) 试模：试模最小边长应不小于最大骨料粒径的3倍。试模拼装应牢固，不漏浆，振捣时不得变形。尺寸精度要求：边长误差不得超过1/150，角度误差不得超过0.5°，平整度误差不得超过边长的0.05%。

(2) 振动台：频率 (50±3)Hz，空载时台面中心振幅 (0.5±0.1)mm。

(3) 捣棒：直径为16mm，长650mm，一端为弹头形的金属棒。

(4) 标准养护：在温度为 (20±5)℃的环境中静置1～2昼夜，然后编号、拆模，拆模后应立即放入温度为 (20±2)℃、相对湿度为95%以上的标准养护室中养护，或在温度为 (20±2)℃的不流动的氢氧化钙饱和溶液中养护。标准养护室内的试件应放在支架上，彼此间隔10～20mm，试件表面应保持潮湿，并不得被水直接冲淋。龄期从搅拌加水开始计时。

3. 试验步骤

(1) 制作试件前应将试模清擦干净，并在其内壁上均匀地刷一薄层矿物油或其他脱模剂。

(2) 按前面规定的方法拌制混凝土拌和物。如混凝土拌和物骨料最大粒径超过试模最小边长的1/3时，大骨料用湿筛法筛除。

(3) 试件的成型方法应根据混凝土拌和物的坍落度而定。混凝土拌和物坍落度小于90mm时宜采用振动台振实，混凝土拌和物坍落度大于90mm时宜采用捣棒人工捣实。采用振动台成型时，应将混凝土拌和物一次装入试模，装料时应用抹刀沿试模内壁略加插捣，并使混凝土拌和物高出试模上口，振动应持续到混凝土表面出浆为止(振动时间一般为30s左右)。采用捣棒人工插捣时，每层装料厚度不应大于100mm，插捣应按螺旋方向从边缘向中心均匀进行，插捣底层时，捣棒应达到试模底面，插捣上层时，捣棒应穿至下层20～30mm，插捣时捣棒应保持垂直，同时，还应用镘刀沿试模内壁插入数次。每层的插捣次数一般每10cm^2 不少于12次（以插捣密实为准）。成型方法应在试验报告中注明。

(4) 试件成型后，在混凝土初凝前1～2h，需进行抹面，要求沿模口抹平。

(5) 根据试验目的不同，试件可采用标准养护或与构件同条件养护，确定混凝土强度等级或进行材料性能研究时应采用标准养护。在施工过程中作为检测混凝土构件实际强度的试件（如决定构件的拆模、起吊、施加预应力等）应采用同条件养护。

(6) 采用标准养护的试件，成型后的带模试件宜用湿布或塑料薄膜覆盖，以防止水分蒸发，并在 (20±5)℃的室内静置24～48h，然后拆模并编号。拆模后的试件应立即放入标准养护室中养护。在标准养护室内试件应放在架上，彼此间隔1～2cm，并应避免用水直接冲淋试件。

(7) 采用同条件养护的试件，成型后应覆盖表面。试件的拆模时间可与实际构件的拆模时间相同。拆模后试件仍须同条件养护。

3.4.6 混凝土立方体抗压强度检验

3.8 混凝土立方体抗压强度试验

1. 试验目的

用于测定混凝土立方体试件的抗压强度。评定混凝土强度等级，是评定混凝土质量的主要指标。

2. 仪器设备

(1) 压力机或万能试验机：试件的预计破坏荷载宜在试验机全量程的20%～80%。试验机应定期校正，示值误差不应大于标准值的±1%。

(2) 钢制垫板：尺寸比试件承压面稍大，平整度误差不应大于边长的0.02%。

(3) 试模：150mm×150mm×150mm的立方体试模为标准试模。

3. 试验步骤

(1) 按前面规定制作试件。

(2) 达到试验龄期时，从养护室取出试件，并尽快试验。试验前需用湿布覆盖试件，防止试件干燥。

(3) 试验前将试件擦拭干净，测量尺寸，并检查其外观，当试件有严重缺陷时应废弃。试件尺寸测量精确至1mm，并据此计算试件的承压面积。如实测尺寸与公称尺寸之差不超过1mm，可按公称尺寸进行计算。试件承压面的不平整度误差不得超过边长0.05%，承压面与相邻面的不垂直度不应超过±1°。

(4) 将试件放在试验机下压板正中间，上下压板与试件之间宜垫以钢垫板，试件的承压面与成型时的顶面相垂直。开动试验机，当上垫板与上压板即将接触时如有明显偏斜，应调整球座，使试件受压均匀。

(5) 以0.3～0.5MPa/s的速度连续而均匀地加荷。当试件接近破坏而开始迅速变形时，停止调整油门，直至试件破坏，记录破坏荷载。

4. 试验结果评定

混凝土立方体抗压强度按式(3.28)计算(精确至0.1MPa)：

$$f_{cc}=\frac{P}{A} \tag{3.28}$$

式中 f_{cc}——抗压强度，MPa；

P——破坏荷载，N；

A——试件承压面积，mm^2。

以3个试件测值的平均值作为该组试件的抗压强度试验结果。3个测值中的最大值或最小值中如有1个与中间值的差值超过中间值的15%时，取中间值作为该组试件的抗压强度代表值。如最大值和最小值与中间值的差均超过中间值的15%，则该组试件的试验结果无效。

混凝土强度的发展按式(3.29)计算，大致与其龄期的对数成正比关系。

$$f_{cu,n}=\frac{f_{cu,28}\times\lg n}{\lg 28} \tag{3.29}$$

式中 $f_{cu,n}$——n天龄期的抗压强度，MPa；

$f_{cu,28}$——28d龄期的抗压强度，MPa；

$\lg n$、$\lg 28$——n（$n \geqslant 3$）d和28d的对数。

注：此公式仅适用于普通水泥制成的混凝土在标准条件下养护，且龄期不小于3d的情况，因混凝土强度的影响因素很多，强度的增长不可能一致，故此公式只能作为参考。

当实测混凝土立方体抗压强度代表值大于设计值时，其抗压强度指标合格；当实测混凝土立方体抗压强度代表值小于设计值时，其抗压强度指标不合格，必须调整混凝土配合比。

5. 试验记录表（表3.29）

表3.29　　　　混凝土立方体抗压强度检验

养护方式：　　　　　　　　　　　　　　试验机选用度盘：

试验编号	日期		构件名称及部位	设计强度等级	龄期/d	试件尺寸/mm³	换算系数	破坏荷载/kN	强度/MPa	强度代表值/MPa	达到设计强度的百分数/%
	成型	试验									

3.4.7　混凝土抗渗性试验（逐级加压法）

1. 试验目的

用于测定混凝土的抗渗等级，是评定混凝土质量的指标之一。

2. 仪器设备

（1）混凝土抗渗仪。

（2）试模：规格为上口直径175mm、下口直径185mm、高150mm的截头圆锥体。

（3）密封材料：如石蜡加松香、水泥加黄油等。

（4）螺旋加压器、烘箱、电炉、瓷盘等。

3. 试验步骤

（1）按前面规定方法进行试件的制作和养护，6个试件为一组。

（2）试件拆模后，用钢丝刷刷去两端面的水泥浆膜，然后送入养护室养护。

（3）到达试验龄期时，取出试件，擦拭干净。待表面晾干后，进行试件密封。用石蜡密封时，在试件侧面滚涂一层熔化的石蜡（内加少量松香）。然后用螺旋加压器将试件压入经过烘箱或电炉预热过的试模中（试验预热温度，以石蜡接触试模，即缓缓熔化，但不流淌为宜），使试件与试模底平齐。试模变冷后才可解除压力。

(4) 用水泥加黄油密封时，其用量比为（2.5～3）∶1。试件表面晾干后，用三角刀将密封材料均匀地刮涂在试件侧面上，厚度1～2mm。套上试模压入，使试件与试模底平齐。

(5) 启动抗渗仪，开通6个试位下的阀门，使水从6孔中渗出，充满试位坑。关闭抗渗仪，将密封好的试件安装在抗渗仪上。

(6) 试验时，水压从0.1MPa开始，以后每隔8h增加0.1MPa水压，并随时注意观察试件端面情况。当6个试件中有3个试件表面出现渗水时，或加至规定压力（设计抗渗等级）。在8h内6个试件中表面渗水试件少于3个时，即可停止试验，并记下此时的水压力。

注：在试验过程中，如发现水从试件周边渗出，表明密封不好，应重新按上述步骤密封。

4. 试验结果评定

混凝土的抗渗等级，以每组6个试件中2个出现渗水时的最大水压力表示。抗渗等级按式（3.30）计算。

$$W = 10H - 1 \tag{3.30}$$

式中 W——混凝土抗渗等级；

H——6个试件中有3个渗水时的水压力，MPa。

若压力加至规定数值，在8h内，6个试件中表面渗水的试件少于2个，则试件的抗渗等级大于规定值，混凝土抗渗等级合格，反之不合格。

5. 试验记录表（表3.30）

3.9 混凝土试块抗压强度试验记录表

3.10 混凝土配合比试验记录表

表 3.30 混凝土抗渗性试验记录表

成型日期： 试验日期： 构件名称及部位： 设计抗渗等级：

试验编号	加压时间			水压/MPa	透水情况记录						试验结果	备注
	月	日	时		1	2	3	4	5	6		

任务 3.5 钢筋的检测

钢筋混凝土结构所用钢材主要是有碳素结构钢和低合金结构钢所加工成的各类线材，即钢筋。按生产方式、用途等不同，工程中常用的钢筋品种主要有热轧钢筋、冷加工钢筋、预应力混凝土用热处理钢筋、预应力混凝土用钢丝和钢绞线等。

3.5.1 钢筋

钢筋是建筑工程中用量最大的钢材品种。按所用的钢种，可分为碳素结构钢筋和低合金结构钢筋；按外形分为光圆钢筋和带肋钢筋（图 3.4）。光圆钢筋的横截面为圆形，且表面光滑。带肋钢筋表面上有两条对称的纵肋和沿长度方向均匀分布的横肋。横肋的纵横面呈月牙形且与纵肋不相交的钢筋称为月牙肋钢筋；横肋的纵横面高度相等且与纵肋相交的钢筋称为等高肋钢筋（图 3.5）。一般情况下，钢筋多以直条或盘条（或盘圆）进行供货（图 3.6）。

图 3.4 光圆钢筋（直条）和带肋钢筋（直条）

图 3.5 等高肋钢筋和月牙肋钢筋

图 3.6 盘圆钢筋

1. 热轧钢筋

热轧钢筋是经过热轧成型并自然冷却的成品钢筋，主要包括Q235轧制的光圆钢筋和用合金钢轧制的带肋钢筋两类。热轧光圆钢筋的强度较低，但塑性及焊接性能很好，便于各种冷加工，因而广泛用作普通钢筋混凝土构件的受力筋及各种钢筋混凝土结构的构造筋。

（1）热轧光圆钢筋。经过热轧成型，横截面通常为圆形，表面光滑的成品钢筋，称为热轧光圆钢筋（HPB）。热轧光圆钢筋按屈服强度特征值分为235级、300级，其牌号由HPB和屈服强度特征值构成，分为HPB235、HPB300两个牌号。

热轧光圆钢筋的公称直径范围为6～12mm，《钢筋混凝土用钢 第1部分：热轧光圆钢筋》（GB/T 1499.1—2017）推荐的钢筋公称直径为6mm、8mm、10mm、12mm、16mm和20mm。可按直条或盘卷交货，按定尺长度交货的直条钢筋其长度允许偏差范围为0～50mm；按盘卷交货的钢筋，每根盘条质量应不小于1000kg。

热轧光圆钢筋的屈服强度、抗拉强度、断后伸长率、最大拉力总伸长率等力学性能特征值应该符合表3.31的规定。表中各力学性能特征值，可作为交货检验的最小保证值。按规定的弯心直径弯曲180°后，钢筋受弯部位表面不得产生裂纹。

（2）热轧带肋钢筋。经热轧成型并自然冷却的横截面为圆形的且表面通常带有两条纵肋和沿长度方向均匀分布的横肋的钢筋，称为热轧带肋钢筋。其包括普通热轧钢筋和细晶粒热轧钢筋两种。

热轧带肋钢筋按屈服强度特征值分为335、400、500级，其牌号由HRB和屈服强度特征值构成，分为HRB335、HRB400、HRB500三个牌号，细晶粒热轧钢筋的牌号由HRBF和屈服强度特征值构成，分为HRBF335、HRBF400、HRBF500三个牌号。

热轧钢筋的公称直径围为6～50mm，《钢筋混凝土用钢 第2部分：热轧带肋钢筋》（GB/T 1499.2—2018）推荐的钢筋公称直径为6mm、8mm、10mm、12mm、16mm、20mm、25mm、32mm、40mm和50mm。

热轧带肋钢筋按定尺长度交货时的长度允许偏差为±25mm，也可以盘卷交货，每盘面应是一条钢筋，允许每批有5%的盘数由两条钢筋组成。

热轧带肋钢筋的力学性能和工艺性能应符合表3.31的规定。表中所列各力学性能特征值，可作为交货检验的最小保证值：按规定的弯心直径弯曲180°后，钢筋受弯部位表面不得产生裂纹。

表3.31 热轧钢筋力学性能和工艺性能

<table>
<tr><th rowspan="2">表面形状</th><th rowspan="2">钢筋级别</th><th rowspan="2">牌 号</th><th rowspan="2">公称直径/mm</th><th>屈服强度/MPa</th><th>抗拉强度/MPa</th><th>断后伸长率/%</th><th>最大力下总伸长率/%</th><th colspan="2">冷 弯 性 能</th></tr>
<tr><th colspan="4">不小于</th><th>角度</th><th>弯心直径 d</th></tr>
<tr><td rowspan="2">光圆</td><td rowspan="2">Ⅰ</td><td>HPB235</td><td rowspan="2">6～12
14～22</td><td>235</td><td>370</td><td rowspan="2">25.0</td><td rowspan="2">10.0</td><td rowspan="2">180°</td><td rowspan="2">a</td></tr>
<tr><td>HPB300</td><td>300</td><td>420</td></tr>
</table>

续表

表面形状	钢筋级别	牌号	公称直径/mm	屈服强度/MPa	抗拉强度/MPa	断后伸长率/%	最大力下总伸长率/%	冷弯性能	
				不小于				角度	弯心直径 d
月牙肋	Ⅱ	HPB335 HPBF335	6～25	335	455	17.0	7.5	180°	$3a$
			28～40						$4a$
			>40～50						$5a$
	Ⅲ	HRB400 HRBF400	6～25	400	540	16.0	7.5	180°	$4a$
			28～40						$5a$
			>40～50						$6a$
等高肋	Ⅳ	HRB500 HRBF500	6～25	500	630	15.0	7.5	180°	$6a$
			28～40						$7a$
			>40～50						$8a$

注 1. 为钢筋公称直径，mm。
2. HRB500—普通热轧钢筋，HRBF500—细晶粒热轧钢筋。

热轧钢筋中热轧光圆钢筋的强度低，但塑性及焊接性能很好，便于各种冷加工，因而广泛用做普通钢筋混凝土构件的受力筋及各种钢筋混凝土结构的构造筋；HRB335 和 HRB400 钢筋强度较高，塑性和焊接性能也较好，故广泛用作大、中型钢筋混凝土结构的受力钢筋；HRB500 钢筋强度高，但塑性及焊接性能较差，可用作预应力钢筋。

2. 冷轧带肋钢筋

热轧圆盘条经冷轧后，在其表面带有沿长度方向均匀分布的三面或二面横肋的钢筋，称为冷轧带肋钢筋。冷轧带肋钢筋的牌号有 CRB 和钢筋抗拉强度最小值构成。冷轧带肋钢筋分为 CRB550、CRB650、CRB800、CRB970 和 CRB1170 五个牌号。CRB550 为普通钢筋混凝土用钢筋。其他牌号为预应力混凝土用钢筋。

冷轧带肋钢筋的肋高、肋宽和肋距是其外形尺寸的主要控制参数。冷轧带肋钢筋按冷加工状态交货，允许冷轧后进行低温回火处理。

CRB550 钢筋的公称直径范围为 4～12mm。CRB650 及以上牌号钢筋的公称直径（相当于横截面面积相等的光圆钢筋的公称直径）为 4mm、5mm、6mm。

钢筋表面的横肋呈月牙形。横肋沿钢筋横截面周圈上均匀分布，其中三面肋钢筋有一面肋的倾角必须与另两面反向，二面肋钢筋一面肋的倾角必须与另一面反向。横肋中心线和钢筋纵轴线夹角为 40°～60°，横肋两侧面和钢筋表面斜角不得小于 45°横肋与钢筋表面呈弧形相交。

冷轧带肋钢筋通常按盘卷交货，CRB550 钢筋也可按直条交货，按直条交货时，其长度与允许偏差按供需双方协商确定。盘卷钢筋每盘的质量不小于 100kg；每盘应该由一根钢筋组成，CRB650 及以上牌号钢筋不得有焊接接头。冷轧带肋钢筋的表面不得有裂纹、折叠、结疤、油污及其他影响使用的缺陷。冷轧带肋钢筋的表面可有浮锈，但不得有锈皮及目视可见的麻坑等腐蚀现象。

冷轧带肋钢筋的力学性能和工艺性能应符合表 3.32 的规定。钢筋的强屈比 R_m/R_p

应不小于1.03。当进行弯曲试验时，受弯部位表面不得产生裂纹。公称直径为4mm、5mm、6mm的冷轧带肋钢筋有关技术要求细则，参见表3.32。

表3.32　冷轧带肋钢筋的力学性能和工艺性能

牌号	抗拉强度 R_m/MPa	断后伸长率 A/%		弯曲试验	反复弯曲系数	松弛率/%（初始应力=0.7R_m）	
		A_{10}	A_{100}	D=3d		1000h	10h
CRB550	≥550	8.0		180°弯曲	—	—	—
CRB650	≥650	—	4.0	—	3	≤8	≤5
CRB800	≥800	—	4.0	—	3	≤8	≤5
CRB970	≥970	—	4.0	—	3	≤8	≤5
CRB1170	≥1170	—	4.0	—		≤8	≤5

注　D为弯心直径，d为钢筋公称直径。

冷轧带肋钢筋具有以下优点：

（1）强度高、塑性好，综合力学性能优良。CRB550、CRB650的抗拉强度由冷轧前的不足500MPa提高到550MPa、650MPa；冷拔低碳钢丝的伸长率仅2%左右，而冷轧带肋钢筋的伸长率大于4%。

（2）握裹力强。混凝土对冷轧带肋钢筋的握裹力为同直径冷拔钢丝的3～6倍。又由于塑性较好，大幅度提高了构件的整体强度和抗震能力。

（3）节约钢材，降低成本。以冷轧带肋钢筋代替Ⅰ级钢筋用于普通钢筋混凝土构件，可节约钢材30%以上。如用以代替冷拔低碳钢丝用于预应力混凝土多孔板中，可节约钢材5%～10%，且每m^3混凝土可节约水泥约40kg。

（4）提高构件整体质量，改善构件的延性，避免"抽丝"现象。用冷轧带肋钢筋制作的预应力空心楼板，其强度、抗裂度均明显优于冷拔低碳钢丝制作的构件。

冷轧带肋钢筋适用于中、小型预应力混凝土结构构件和普通钢筋混凝土结构构件。

3. 热处理钢筋

热处理钢筋是用8mm、10mm的热轧带肋钢筋经淬火和回火等调制处理制成，代号为RB150，有直径为6mm、8.2mm、10mm三种规格。热处理钢筋成盘供应，每盘长100～120m，开盘后钢筋自然伸直。

预应力钢筋混凝土用热处理钢筋有$40Si_2Mn$、$48Si_2Mn$和$45Si_2Cr$三个牌号。其力学性能应符合表3.33的规定。

表3.33　预应力混凝土用热处理钢筋的力学性能

公称直径/mm	碑　号	屈服强度/MPa	抗拉强度/MPa	伸长率 A_{10}/%	松弛性能	
					1000h	10h
6	$40Si_2Mn$	≥1325	≥1479	≥6	≤3.5%	≤1.5%
8.2	$48Si_2Mn$					
10	$45Si_2Cr$					

特点及应用：热处理钢筋除具有很高的强度外，还具有较好的塑性和韧性，特别适合于预应力构件。但其对应力腐蚀及缺陷敏感性强，应防止产生锈蚀及刻痕等现象。热处理钢筋不适用于焊接和电焊的钢筋。

3.5.2 预应力混凝土用钢丝和钢绞线

大型预应力混凝土构件，由于受力很大，常采用强度很高的预应力高强度钢丝和钢绞线作为主要受力钢筋。

1. 预应力混凝土用钢丝

预应力混凝土用钢丝是应用优质碳素结构钢制作，经冷拉或冷拉后消除应力处理制成。根据《预应力混凝土用钢丝》（GB/T 5223—2014）的规定，预应力混凝土用钢丝按加工状态分为冷拉钢丝（代号为 RCD）、消除应力光圆钢丝（代号为 S）、消除应力刻痕钢丝（代号为 SI）和消除应力螺旋肋钢丝（代号为 SH）四种（图 3.7、图 3.8）。预应力混凝土用钢丝按松弛性能分为低（Ⅰ级）松弛钢丝（代号为 WLR）和普通（Ⅰ级）松弛钢丝（代号为 WNR）两种。

图 3.7 刻痕钢丝

图 3.8 螺旋肋钢丝

预应力混凝土用钢丝的标记方式为预应力钢丝直径—抗拉强度—代号—松弛等级。

冷拉钢丝是用盘条通过拔丝模或轧辊经冷加工而成产品，以盘卷供货的钢丝。螺旋肋钢丝表面沿着长度方向上有规则间隔的肋条。刻痕钢丝表面沿着长度方向上有规则间隔的压痕。

预应力混凝土用钢丝质量稳定、安全可靠、强度高、柔性好、无接头、施工方便，主要用于大跨度的屋架、薄腹架、吊车梁或桥梁等大型预应力混凝土构件，还可用于轨枕、压力管道等预应力混凝土构件。刻痕钢丝优于屈服强度高与混凝土的握裹力大，主要用于预应力钢筋混凝土结构以减少混凝土裂缝。冷拉钢丝仅用于压力管道［《预应力混凝土用钢丝》（GB/T 5223—2014）］。

2. 钢绞线

预应力混凝土用钢绞线是由若干根直径为 2.5～5.0mm 的高强度钢丝，以一根钢丝为中心，其余钢丝围绕中心钢丝绞捻，再经热处理消除内应力而制成。根据《预应力混凝土用钢绞线》（GB/T 5224—2023）的规定，预应力混凝土用钢绞线按应力松弛性能分为Ⅰ级松弛和Ⅱ级松弛，钢绞线按捻制结构分为三种结构类型：1×2、1×3和1×7，分别用2根、3根和7根钢丝捻制而成（图3.9）。1×7结构钢绞线以1根钢丝为芯、6根钢丝围绕其周围捻制而成，见图3.9。预应力混凝土用钢绞线的标记方式为预应力钢绞线结构类型—公称直径—强度级别—松弛等级。

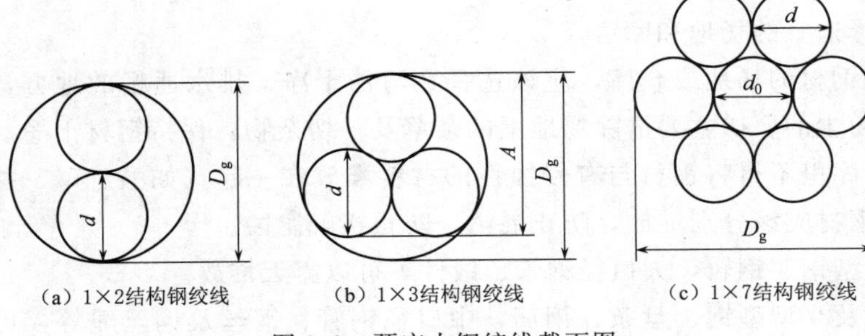

图3.9 预应力钢绞线截面图

钢绞线具有强度高，与混凝土黏结好，断面面积大，使用根数少，在结构中排列布置方便，易于锚固等优点。主要用于大跨度、大荷载的预应力屋架、桥梁和薄腹梁等构件。

3.5.3 建筑钢材的验收和保管

1. 建筑钢材的验收

(1) 建筑钢材验收的四项基本要求。

建筑钢材从钢厂到施工现场经过了商品流通的多道环节，建筑钢材的检验验收是质量管理中必不可缺少的环节。建筑钢材必须按批进行验收，并达到下述四项基本要求。

1) 订货和发货资料应与实物一致。检查发货码单和质量证明书内容是否与建筑钢材标牌标志上的内容相符。

2) 检查包装。除大中型型钢外，不论是钢筋还是型钢，多必须成捆交货，每捆必须用钢带、盘条或铁丝均匀捆扎结实，端面要求平齐，不得有异类钢材混装现象。

3) 对建筑钢材质量证明书内容进行审核。质量证明书必须字迹清楚，证明书中应注明：供方名称或厂标；需方名称；发货日期；合同号；标准号及水平等级；牌号；炉罐（批）号、交货状态、加工用途、重量、支数或件数，品种名称、规格尺寸（型号）和级别；标准中所规定的各项试验结果（包括参考性指标）；技术监督部门印记等。

4) 建立材料台账。建筑钢材进场后，施工单位应该及时建立“建设工程材料采购验收检验使用综合台账”。监理单位可设立“建设工程材料监理监督台账”。内容包括：材料名称、规格品种、生产单位、供应单位、进货日期、送货单编号、实收数量、生产许可证编号、质量证明书编号、产品标识（标志）、外观质量情况、材料检验日期、检验报告编号、材料检测结果、工程材料报审表签认日期、使用部位、审核人员签名等。

(2) 实物质量的验收。

建筑钢材的实物质量主要是看所送检的钢材是否满足规范及相关标准要求；现场所检测的建筑钢材尺寸偏差是否符合产品标准规定；外观缺陷是否在标准规定的范围内；对于建筑钢材的锈蚀现象各方也应引起足够的重视。

2. 建筑钢材的保管

(1) 选择适宜的场地和库房。

1) 保管钢材的场地或仓库，应该选择在清洁干净、排水通畅的地方，远离产生有害气体或粉尘的厂矿。要清除场地上的杂草及一切杂物，保持钢材干净。

2) 在仓库里不得将钢材与有侵蚀性的材料堆放在一起（如酸、碱、盐、水泥）。不同品种的钢材应该分别堆放，防止混淆，防止接触腐蚀。

3) 大型型钢、钢轨，大口径钢管、锻件等可以露天堆放。

4) 中型及小型型钢、盘条、钢筋，中口径钢管、钢丝及钢丝绳等，可在通风良好的料棚内存放，但必须上苫下垫。

5) 一般小型钢材、薄钢板、钢带、硅钢片、小口径或薄壁钢管、各种冷轧、冷拔钢材，以及价格高、易腐蚀的金属制品，可存放入库。

6) 库房据地理条件选定，一般采用普通封闭式库房，即有房顶有围墙、门窗严密，设有通风装置的库房。

7) 库房要求晴天注意通风，雨天注意关闭防潮，经常保持适宜的储存环境。

(2) 合理堆码、先进先放。

1) 堆码的原则要求是在码垛稳固、确保安全的条件下，做到按品种、规格码垛，不同品种的材料要分别码垛，防止混淆或相互腐蚀。

2) 禁止在垛位附近存放对钢材有腐蚀作用的物品。

3) 垛底应垫高、坚固、平整，防止材料受潮或变形。

4) 同种材料按入库先后分别堆码，便于执行先进先放的原则。

5) 露天堆放的型钢，下面必须有木垫或条石，垛面略有倾斜，以利排水，并注意材料安放平直，防止弯曲变形。

6) 垛与垛之间应留有一定的通道，检查道一般为0.5m宽，出入通道视材料大小和运输机械而定，一般为1.5～2.0m宽。

7) 堆垛高度，人工作业的不超过1.2m，机械作业的不超过1.5m，垛宽不超过2.5m。

8) 垛底垫高，若仓库为朝阳的水泥地面，垫高0.1m即可；若为泥地，须垫高0.2～0.5m；若为露天场地，水泥地面垫高0.3～0.5m，沙、泥地面垫高0.5～0.7m。

9) 露天堆放角钢和槽钢应俯放，即口朝下，工字钢应立放，钢材的槽面不能朝上，以免积水生锈。

(3) 保护材料的包装和保护层。

钢材出厂前涂的防腐剂和包装，是防止材料锈蚀的重要措施，可延长材料的保管期限，在运输和装卸过程中必须注意保护，不能损坏。

（4）保持仓库清洁，加强材料养护。

1）材料在入库前要注意防止雨淋或混入杂质，对已经淋浴或弄污的材料要按其性质采用不同的方法擦净，如硬度高的可用钢丝刷，硬度低的用布、棉等物擦。

2）材料入库后要经常检查，如有锈蚀，应该清除锈蚀层。

3）一般钢材表面清除干净后，不必涂油，但对优质钢、合金薄钢板、薄壁管、合金钢管等，除锈后其内外表面均需涂防锈油后再存放。

4）对锈蚀较严重的钢材，除锈后不宜长期保管，应尽快使用。

任务 3.6 钢筋的取样及性能检测

钢筋进场时应按规定抽取试件做力学性能检验，其质量必须符合有关标准的规定。钢筋进场时一般不做化学成分检验。钢筋在加工、使用过程中发现脆断、焊接性能不良或力学性能显著不正常等现象时，应对该批钢筋进行化学成分检验或其他专项检验。

3.6.1 引用标准

（1）《金属材料　拉伸试验　第 1 部分：室温试验方法》（GB/T 228.1—2021）。

（2）《金属材料　弯曲试验方法》（GB/T 232—2010）。

（3）《钢筋混凝土用钢　第 1 部分：热轧光圆钢筋》（GB/T 1499.1—2017）。

（4）《钢筋混凝土用钢　第 2 部分：热轧带肋钢筋》（GB/T 1499.2—2018）。

（5）《钢及钢产品　力学性能试验取样位置及试样制备》（GB/T 2975—2018）。

（6）《低碳钢热轧圆盘条》（GB/T 701—2008）。

3.6.2 钢筋的取样规定

钢筋批量为由同一厂别、同一炉号、同一规格、统一交货状态、统一进厂时间为一验收批。钢筋混凝土用热轧带肋钢筋、热轧光圆钢筋、低碳钢热轧钢圆盘条、余热处理钢筋、冷轧带肋钢筋每批不大于 60t，取一组试样；超过 60t 的部分，每增加 40t（或不足 40t 的余数），增加一个拉伸试验试样和一个弯曲试验试样。各类钢筋每组试样数量参见表 3.34。

表 3.34　各类钢筋每组试样数量

钢筋种类	每组试样数量	
	拉伸试验	弯曲试验
热轧带肋钢筋	2 根	2 根
热轧光圆钢筋	2 根	2 根
低碳钢热轧钢圆盘条	1 根	2 根
余热处理钢筋	2 根	2 根
冷轧带肋钢筋	逐盘检验	每批 2 个

凡表中规定取两个试件的，均应从两根（或两盘）中分别切取，每根钢筋上取一个拉力试件、一个冷弯试件。低碳钢热轧钢圆盘条的冷弯试件应取自同盘的两端。试

件切去时，应在钢筋或盘条的任意一端截去500mm后切取。

3.6.3　钢筋性能检测

3.11　钢筋性能检测

1. 钢筋拉伸性能检验

（1）检验目的。

测定钢材的屈服点（屈服强度）、抗拉强度及伸长率三个指标，评定其质量是否合格。

（2）仪器设备。

1）试验机：应按照《金属材料　静力单轴试验机的检验与校准　第1部分拉力和（或）压力试验机　测力系统的检验与校准》（GB/T 16825.1—2022）进行检验，并应为Ⅰ级或优于Ⅰ级准确度。

2）引伸计：其准确度应符合《金属材料　单轴试验用引伸计系统的标定》（GB/T 12160—2019）的要求。

3）试样尺寸的量具：按截面尺寸不同，选用不同精度的量具。

4）游标卡尺：精确度为0.1mm。

（3）试验环境条件。

试验一般在10～35℃的室温范围内进行。对温度要求严格的试验，试验温度应为（23±5)℃。

（4）试验步骤

1）试件制备。抗拉试验用钢筋试件一般不经过车削加工，见图3.10（a）；如受试验机量程限制，直径为22～40mm的钢筋可制成车削加工试件，见图3.10（b）。可以用两个或一系列等分小冲点或细划线标出原始标距（标记不应影响试样断裂），测量标距长度L_0，精确至0.1mm。

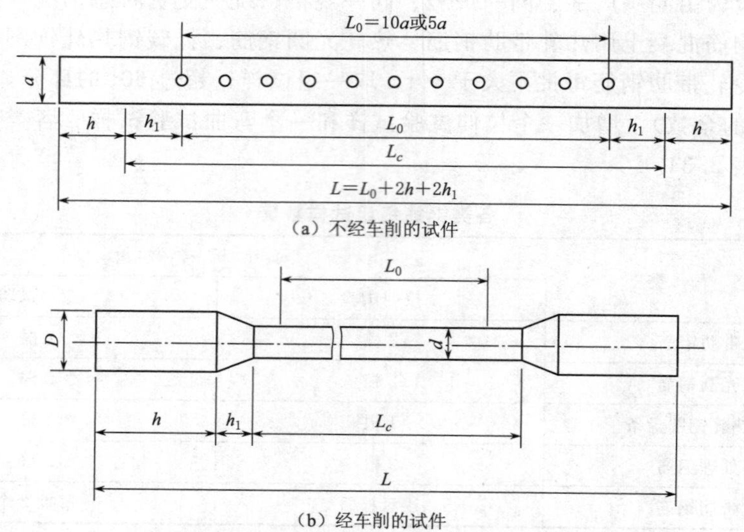

图3.10　不经车削的试件及经车削的试件

a—试件原始直径；L—拉伸试件的长度；L_0—标距长度；

h—预留长度，取（0.5～1)a；h_1—夹头长度

2）试件原始横截面的测定。

a. 查表法：钢筋、钢棒、钢丝及钢绞线，以产品标识和质量证明书上的规格尺寸为依据，其中热轧钢筋公称横截面面积与理论重量见表3.35。

表3.35　　热轧钢筋的公称横截面面积与理论重量

公称直径/mm	公称横截面面积/mm²	理论重量/(kg/m³)	公称直径/mm	公称横截面面积/mm²	理论重量/(kg/m³)
6	28.27	0.222	22	380.1	2.98
8	50.27	0.395	25	490.9	3.85
10	78.54	0.617	28	615.8	4.83
12	113.1	0.888	32	804.8	6.31
14	153.9	1.21	36	1018	7.99
16	201.1	1.58	40	1257	9.87
18	254.5	2.00	50	1964	15.42
20	314.2	2.47	—	—	—

b. 换算法：对于恒定的横截面试样，可以根据测量的试样长度 L、试样质量 m 和材料密度 ρ 确定其原始横截面积。原始横截面积按式（3.31）计算，并至少保留4位有效数字：

$$A_0=\frac{m}{\rho_L}\times 100 \tag{3.31}$$

式中　A_0——试件的横截面积，mm^2；

m——试件质量，g；

L——试件长度，cm；

ρ——钢筋密度，g/cm^3。

3）测定法：圆形试件横断面直径应在标距的两端及中间处两个相互垂直的方向上各测一次，取其算术平均值，选用三处测得的横截面积中最小值，横截面积按式（3.32）计算，并至少保留4位有效数字。

$$A_0=\frac{1}{4}\pi d_0^2 \tag{3.32}$$

式中　A_0——试件的横截面积，mm^2；

d_0——圆形试件原始横截面直径，mm。

（5）屈服强度和抗拉强度的测定。

1）调整试验机测力度盘的指针，使对准零点，并拨动副指针，使与主指针重叠。

2）将试件固定在试验机夹头内，开动试验机进行拉伸。拉伸速度为：屈服前，应力增加速度每秒钟为10MPa；屈服后，试验机活动夹头在荷载下的移动速度为不大于 $0.5L_c$/min（不经车削试件 $L_c=L_0+2h_1$，其中 L_c 为两夹头之间的距离）。

3）拉伸中，测力度盘的指针停止转动时的恒定荷载，或不计初始瞬时效应时的最小荷载，即为所求的屈服点荷载 F_s。按式（3.33）计算钢筋的屈服强度：

$$R_{eL}=\frac{F_s}{S_0} \tag{3.33}$$

式中 R_{eL}——屈服点，MPa；

F_s——屈服力，N；

S_0——试件原横截面积，mm^2。

4）向试件连续施荷直至拉断，由测力度盘读出最大荷载 F_b，按式（3.34）计算钢筋的抗拉强度：

$$R_m=\frac{F_b}{S_0} \tag{3.34}$$

式中 R_m——抗拉强度，MPa；

F_b——最大荷载，N；

S_0——试件原横截面积，mm^2。

（6）伸长率的测定。

1）确定原始标距长度 L_0，按表3.36规定确定原始标距长度 L_0。

表3.36 试样原始标距长度 L_0

序号	材料名称	原始标距
1	钢筋混凝土用热轧光源、热轧带肋、余热处理钢筋	$5d$
2	低碳钢热轧圆盘条、冷轧扭钢筋	$10d$
3	冷轧带肋钢筋	$10d$ 或 100mm

2）确定断后标距长度 L。

a. 将已拉断试件的两端在断裂处对齐，尽量使其轴线位于一条直线上。如拉断处由于各种原因形成缝隙，则此缝隙应计入试件拉断后的标距部分长度内。

b. 如拉断处到临近标距端点的距离大于 $1/3L_0$ 时，可用卡尺直接量出已被拉长的标距长度 L（mm）。

c. 如拉断处到临近标距端点的距离小于或等于 $1/3L_0$ 时，可按下述移位法计算标距 L（mm）。

在长度上，从拉断处 O 取基本等于短段格数，得 B 点，接着取等于长段所余格数（偶数）之半，得 C 点；或者取所余格数（奇数）减1与加1之半，得 C 点。移位后的 L 分别为 $AO+OB+2BC$ 或者 $AO+OB+BC+BC$。如用直接测量所求得的伸长率能达到技术条件的规定值，则可不采用移位法。

如果直接测量所求得的伸长率能达到技术条件要求的规定值，则可不采用移位法。

断后伸长率可按式（3.35）计算（精确至1%）：

$$A_{10}(A_5)=\frac{L_1-L_0}{L_0}\times 100 \tag{3.35}$$

式中　A_{10}、A_5——$L_0=10d$、$L_0=5d$ 时的伸长率，%；

L_1——试件拉断后直接量出或按移位法确定的标距部分长度，mm（测量精确至0.1mm）；

L_0——原始标距长度 $10d$（或 $5d$），mm。

如试件在标距端点上或标距处断裂，则试验结果无效，应重新试验。当试验结果有一项不合格时，应另取双倍数量的试样重做试验，如仍有不合格项目，则该批钢材判为拉伸性能不合格。

2. 钢筋弯曲性能检验

(1) 检验目的。

通过检验钢筋的工艺性能评定钢筋的质量。掌握《金属材料　弯曲试验方法》(GB/T 232—2010) 钢筋弯曲（冷弯）性能的测试方法和钢筋质量的评定方法，正确使用仪器设备。

(2) 仪器设备。

压力机或万能试验机。

(3) 试验环境条件。

试验应该在10～35℃的室温范围内进行，对温度要求严格的试验温度应为(23±5)℃。

(4) 试件制备。

1) 试件的弯曲外表面不得有划痕。

2) 试样加工时，应去除剪切或火焰切割等形成的影响区城。

3) 当钢筋直径小于35mm时，不需加工，直接试验；若试验机能量允许时，直径不大于50mm的试件亦可用全截面的试件进行试验。

4) 当钢筋直径大于35mm时，应加工成直径25mm的试件。加工时应保留一侧原表面，弯曲试验时，原表面应位于弯曲的外侧。

5) 弯曲试件长度根据试件直径和弯曲试验装置而定，通常按式 (3.36) 确定试件长度：

$$L=5d+150 \tag{3.36}$$

式中　L——弯曲试件长度，mm；

d——试件直径，mm。

(5) 试验步骤。

1) 试样弯曲至规定弯曲角度。应将试样放于两支辊或V形模具或两水平翻板上，试样轴线应与弯曲压头轴线垂直，弯曲压头在两支座之间的中点处对试样连续施加力使其弯曲，直至达到规定的弯曲角度。

2) 试样弯曲至180°角，两臂相距规定距离且相互平行的试验。采用支辊式弯曲装置时，首先对试样进行初步弯曲（弯曲角度应尽可能大），然后将试样置于两平行压板之间，连续施加力压其两端使进一步弯曲，直至两臂平行；采用翻板式弯曲装置时，在力作用下不改变力的方向，弯曲直至达到180°角。

3）试样弯曲至两臂直接接触的试验，应首先将试样进行初步弯曲（弯曲角度应尽可能大）。然后将其置于两平行压板之间，连续施加力压其两端使进一步弯曲，直至两臂直接接触。

4）弯曲试验时，应缓慢施加弯曲力。

任务3.7 钢筋的检测结果整理及合格性判定

3.7.1 引用标准

（1）《金属材料 拉伸试验 第1部分：室温试验方法》（GB/T 228.1—2021）。

（2）《金属材料 弯曲试验方法》（GB/T 232—2010）。

3.7.2 检测结果整理及合格性判定

1. 钢筋拉伸性能检测结果处理

（1）钢筋室温拉伸试验结果的影响因素。

1）试样对拉伸试验结果都有影响，其中取样方向对断后伸长率、试样的横截面形状与尺寸对断后伸长率和断面收缩率、试样的形状公差对小尺寸试样等有较大影响。

2）测量仪器和试验设备本身精度和完好性直接影响拉伸试验结果的准确度。

3）夹持方法对试样测量结果影响较大，不合理的夹持方法使得强度指标降低，夹持方法对小尺寸的试样影响较大。

4）拉伸速率对试样测量结果影响较大，拉伸速率越高，拉伸试验的强度指标越高，塑性指标越低；拉伸速率对屈服强度的影响大于抗拉强度；拉伸速率对强度低的材料影响更大。

5）温度升高，拉伸试验的强度指标下降，塑性指标上升。

6）检测人员的技术水平对拉伸试验结果有一定的影响。

鉴于以上几个因素对拉伸试验结果的不同影响，在实际检测工作中，应正确认识这些因素对拉伸试验强度指标和塑性指标的影响倾向，试验前选择正确的取样部位和取样方向，加工成具有规定横截面形状和尺寸的试样，避免样坏和试样制备过程中加工硬化和热影响，提高试样的加工精度，选用检定合格的测量仪器和设备，采用适宜的夹持方法与拉伸速率，试验中精心操作，试验后认真分析，这样才能有效地提高拉伸试验结果的准确度，使试验室检测水平处于同行业领先地位。

（2）拉伸试验结果处理。

1）试验出现下列情况之一者，试验结果无效。

a. 试样断在机械刻划的标记上或标距之外，造成断后伸长率小于规定最小值；

b. 试验记录有误或设备发生故障影响试验结果；

c. 操作不当，影响检测结果。

2）遇有试验结果作废时，应补做同样数量试样的试验。

3）试验后试样出现2个或2个以上的劲缩以及显示出肉眼可见的冶铁缺陷（如分层、气泡、夹渣及缩孔等），应在试验记录和报告中注明。

4）当试验结果有一项不合格时，应另取2倍数量的试样重新做试验，如仍有不合格项目，则该批钢材应判为拉伸性能不合格。

（3）数据处理。

1）屈服强度、抗拉强度值修约5N/mm^2；伸长率不大于10%，修约到0.5%；伸长率大于10%，修约到1%。

2）修约按四舍六入五单双法（奇数则进一，偶数则舍弃）进行。

3）修约法：尾数不大于2.5，修约为0；尾数大于2.5且小于7.5，修约为5；尾数不小于7.5的修约为10。

4）原始横截面积至少保留四位有效数字。

2. 钢筋弯曲性能检测结果处理

（1）钢筋弯曲试验结果的影响因素。

在夸曲试验中，弯心直径和弯曲角度是两大要素；试验必须在该材质指标规定的弯心直径和弯曲角度下进行。在实际工作中，常用非规定的弯心直径进行试验，并且，常弯不足180°的弯曲角度就停止试验。在这种情况下所得的试验结果，极易导致误判的结论。

（2）弯曲试验结果处理。

1）弯曲后，按有关标准规定检查试样弯曲外表面，进行结果评定。相关产品标准规定的弯曲角度认作最小值，规定的弯曲半径认作最大值。

2）有关标准未做具体规定时，检查试样的外表面，按以下5种试验结果进行评定试验结果处理，若无裂纹、裂缝或裂断，则评定试件合格。

a. 完好。试件弯曲处的外表面金属基本上无肉眼可见因弯曲变形产生的缺陷时，称为完好。

b. 微裂纹。试件弯曲外表面金属基本上出现细小裂纹，其长度不大于2mm，宽度不大于0.2mm时，称为微裂纹。

c. 裂纹。试件弯曲外表面金属基本上出现裂纹，其长度大于2mm，而小于或等于5mm，宽度大于0.2mm，而小于或等于0.5mm时，称为裂纹。

d. 裂缝。试件弯曲外表面金属基本上出现明显开裂，其长度大于5mm，宽度大于0.5mnm时，称为裂缝。

e. 裂断。试件弯曲外表面出现沿宽度贯穿的开裂，其深度超过试件厚度的1/3时，称为裂断。

注：在微裂纹、裂纹，裂缝中规定的长度和宽度，只要有项达到某规定范围，即应按该级评定。

3.7.3 试验报告和实训报告的编写

试验原始记录是一种书面的、规范的具体表现形式。原始记录要求在试验过程中填写，并且完成的试验结果提供客观依据。如某项填写错误，不允许涂抹，应在错项上轻划两道横杠，将正确内容填写在正上方，并在此处签上修改人姓名或加盖印章。

1. 钢筋拉伸试验报告内容

钢筋拉伸试验原始记录表见表3.37。钢筋拉伸试验报告内容包括：①试验依据的标准编号；②试样标识；③材料名称和牌号；④试样类型；⑤试样的取样方向和位置；⑥试验结果。

表3.37　　钢筋拉伸试验原始记录表

试验日期：　年　月　日　　　　试验规范：

试验编号	材料名称与牌号	钢筋直径 d/mm	原始标距 L_0/mm	屈服		极限		断后标距 L_1/mm	伸长率 A/%
				荷载 F_s /kN	强度 R_{eL} /MPa	荷载 F_b /kN	强度 R_m /MPa		
1									
2									
3									
4									

2. 钢筋冷弯试验报告内容

钢筋弯曲试验原始记录表见表3.38。钢筋冷弯试验报告内容包括：①本国家标准编号；②试样标识（材料牌号、符号、取样方法）；③试样的形状和尺寸；④试验条件（弯曲压头直径或弯心直径、弯曲角度）；⑤试验结果。

表3.38　　钢筋弯曲试验原始记录表

试验日期：　年　月　日　　　　试验规范：

试验编号	材料名称与牌号	钢筋直径 d/mm	弯曲角度 α	弯心距 d 与钢筋直径的比值	表面弯曲后变化特征	R_m/R_{eL}	$R_{eL}/R_{标}$	结论
1								
2								
3								
4								
5								
6								

3. 钢筋实训报告内容

钢筋性能检测实训报告见表 3.39。

表 3.39　钢筋性能检测实训报告

钢筋种类				牌号		
级别、外形				强度等级代号		
钢筋公称直径				质保书编号		
生产厂家				供货单位		
到货数量				到货日期	年　月　日	
试验项目		拉伸			冷弯性能 180°	反复弯曲 180°/次
		屈服点 R_{eL}/MPa	抗拉强度 R_m/MPa	伸长率 A/%		
标准值						
测试值	1					
	2					
	3					
	4					
	5					
	6					
依据标准						
仪器设备						
结论						
备注		1. 报告无“检验专用章”或“检验单位公章”无效。 2. 复制报告未重新加盖“检验专用章”或“检验单位公章”无效。 3. 报告无检验、审核、技术负责人签字无效；报告涂改无效。 4. 对本报告若有异议，应该收到报告之日起 15 日内向检验单位提出，逾期不予受理。				

试验单位：　　　　批准：　　　　　　审核：　　　　　　试验：

注　本表一式四份（建设单位、施工单位、检测试验室、城建档案馆存档各一份）。

3.12　项目 3 知识型选择、判断题

3.13　项目 3 知识型选择、判断题答案

【项目小结】

本项目从实际工程出发，结合水利工程项目，简单介绍水利工程原材料检测项目，介绍了水利工程原材料：水泥、粗细骨料、钢筋、混凝土等主要材料的检测方法、仪器、操作步骤及数据的记录与计算。重点强调水利工程质量检测人员根据送检单位的要求及合同约定，按照国家材料检测规范、程序，规范检测，培养学生规范意识、质量意识、安全意识。

【项目 3　习题】

3.14　项目 3 习题答案

一、单选题

1. 钢筋混凝土用热轧钢筋，同一公称直径和同一炉罐号组成的钢筋应分批检查和验收，每批质量不大于（　　）t。

A. 60　　B. 100　　C. 200　　D. 500

2.《通用硅酸盐水泥》(GB 175—2020) 规定：硅酸盐水泥和普通硅酸盐的细度以（　　）表示。

A. 比表面积　B. 筛余量　C. 颗粒直径　D. 颗粒形状

3. 混凝土的耐久性不包括（　　）。

A. 抗渗性　B. 抗冻性　C. 耐磨性　D. 和易性

4. 砂按细度模数分为粗、中、细三种规格，其中砂的细度模数为（　　）。

A. 3.7～3.1　B. 3.0～2.3　C. 2.2～1.6　D. ＜1.6

5. 细集料密度试验中，容量瓶的水温为（　　）。

A. 23℃±1.5℃　B. 23℃±1.7℃

C. 25℃±1.5℃　D. 25℃±1.7℃

6. 砂筛分试验中，烘箱温度应控制在（　　）℃。

A. (105±5)℃　B. (105±3)℃

C. (100±5)℃　D. (100±3)℃

7. 石子表观密度试验中，称取烘干试样（　　）。

A. 100g　B. 200g　C. 300g　D. 500g

8. 碱活性集料对混凝土（　　）。

A. 有益　B. 有害　C. 无影响　D. 不确定

9. 砂的颗粒级配试验最少取样数量是（　　）。

A. 4000g　B. 4400g　C. 5000g　D. 5400g

10. 计算碎石表观密度时应精确至（　　）。

A. $5kg/m^3$　B. $10kg/m^3$　C. $1kg/m^3$　D. $0.1kg/m^3$

11. 做碎石筛分试验，计算分计筛余百分率时精确至（　　）%；计算累计筛余百分率时精确至（　　）%。

A. 0.1，1　B. 1，0.1　C. 0.01，0.01　D. 0.02，0.02

12. 原材料一定的情况下，混凝土的强度与灰水比的关系为（　　）相关关系。

A. 曲线　B. 折线　C. 直线　D. 非相关

13. 坍落度试验用来检验混凝土拌和物的坍落度，用以评定混凝土拌和物的（　　）。

A. 和易性　B. 强度　C. 耐久性　D. 抗渗性

14. 做坍落度时插捣混凝土的难易程度分为上、中、下三级。上表示为（　　）。

A. 表示容易插捣　B. 表示插捣时稍有阻滞感觉

C. 表示很难插捣　D. 没有明显区别

二、多选题

1. 水泥安定性是指水泥在凝结硬化过程中体积变化的均匀性。水泥中如果含有较多的游离（　　），就能使体积发生不均匀的变化。这样的水泥称为安定性不合格水泥。

A. 游离 CaO　B. MgO

C. 加入过量的石膏　D. $Ca(OH)_2$

2. 砂按技术要求分为（　　）。

A. Ⅰ类　　B. Ⅱ类　　C. Ⅰ类、Ⅱ类和Ⅲ

D. Ⅳ类　　E. Ⅴ类

三、判断题

1. 水泥标准稠度用水量以水泥净浆达到规定稀稠程度时的用水量占水泥用量的百分数来表示。（　　）

2. 建筑石膏制品具有一定的调温调湿性。（　　）

3. 生石灰使用前的陈伏处理是为了消除欠火石灰。（　　）

4. 气硬性胶凝材料，既能在空气中硬化又能在水中硬化。（　　）

5. 材料的比强度值越小，说明该材料愈是轻质高强。（　　）

6. 在进行材料抗压强度试验时，大试件较小试件的试验结果值偏小。（　　）

7. 软化系数越大，说明材料的抗渗性越好。（　　）

8. 材料的抗渗性主要决定于材料的密实度和孔隙特征。（　　）

9. 材料的吸湿性用含水率来表示。（　　）

10. 凡是含孔材料其体积吸水率都不能为零。（　　）

11. 砂率是指砂与石子的质量百分比。（　　）

12. 道路石油沥青的牌号越高，则软化点越低，针入度越大。（　　）

13. 材料的导热系数随着含水率的增加而减小。（　　）

14. 水泥的保存期是三个月，三个月后不能再使用。（　　）

15. 低碳钢拉伸时到达屈服强度时马上就会被拉断。（　　）

16. 体积安定性不合格的水泥属于废品，不得使用。（　　）

17. 对某一材料来说，它的密度是一个常数，表观密度则不是。（　　）

18. 材料随含水率的增加，材料的密度不变，导热系数降低。（　　）

19. 混凝土以28d龄期标准试件的抗压强度值大小进行强度等级划分，以此作为混凝土的强度等级。（　　）

20. 混凝土配合比主要指混凝土中水泥、碎石、水、外加剂四种主要材料用量（质量）之间的比例关系。（　　）

21. 混凝土的主要技术性质有和易性、强度、耐久性。（　　）

22. 水利工程材料通常分为无机材料、有机材料和金属材料三大类。（　　）

23. 水泥混凝土的组成材料主要有水泥、细骨料、粗骨料、水，必要时可掺入掺和料、添加外加剂。（　　）

24. 整个坍落度试验应连续进行，并应在2～3min内完成。（　　）

25. 坍落度试验适用于骨料最大粒径不超过40mm、坍落度值不小于10mm的混凝土拌和物的稠度。（　　）

项目 4

水利工程现场结构检测

【思维导图】

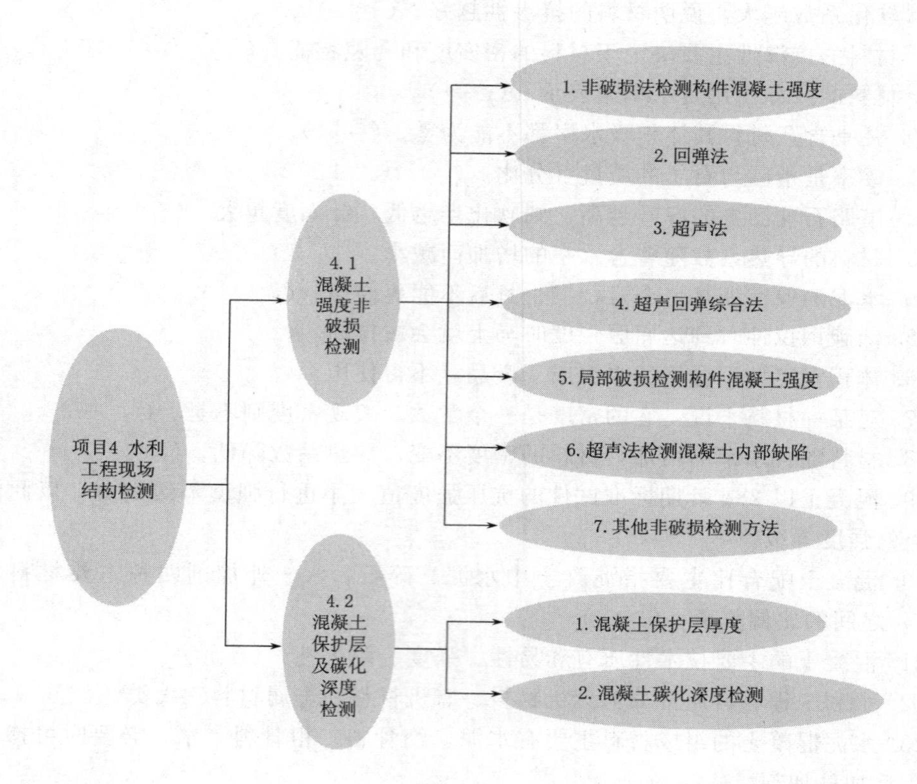

【项目简述】

现场结构检测是对混凝土结构实体实施的原位检查、检验和测试以及对从结构实体中取得的样品进行的检验和测试分析。

【项目载体】

某水利工程施工标段的项目主要工程内容如下。

1. 建筑工程

(1) 地基处理工程：水泥土褥垫层；水泥土换填；水泥深层搅拌桩；小木桩基础处理。

(2) 引河疏浚工程：引河清淤疏浚；混凝土（草皮）护坡；格宾挡墙工程等。

(3) 引水明渠工程：土方挖填；生态连锁（草皮）护坡；格宾网箱护底（护坡）；扶臂式（悬臂式）挡墙工程等。

(4) 清污机桥工程：土方挖填；混凝土底板；闸墩；人行桥工程等。

(5) 前池工程：土方挖填；混凝土底板；扶臂式挡墙工程等。

(6) 泵站主体工程：土方挖填；混凝土底板；墩墙；导流墩；胸墙；流道层；水泵层；电机层工程等。

(7) 压力水箱工程：土方挖填；混凝土底板；顶板；边墙；导流墩；截水环工程等。

(8) 出水箱涵工程：土方挖填；混凝土底板；顶板；边墙；截水环工程等。

(9) 出口防洪闸工程：土方挖填；混凝土底板；顶板；闸墩；隔板；胸墙；排架柱；启闭机台梁板工程等；

(10) 人行栈桥工程：土方挖填；桥台；排架柱；栈桥板工程等。

(11) 出水口工程：土方挖填；混凝土底板；边墙；格宾网箱海漫工程等。

(12) 大堤恢复工程：生态连锁（草皮）护坡；道路工程等。

(13) 房屋工程：管理用房（484.51m^2）；主厂房（416.64m^2）；副厂房（1112.08m^2）；泄洪闸启闭机室（46.50m^2）；启闭机房（51.24m^2）。

(14) 厂区工程：场区道路及场区地坪；场区围墙；电动伸缩门；室外给水管道；设备及管道附件；场区绿化。

(15) 安全监测设施：位移观测；扬压力观测。

(16) 施工围堰：施工围堰的填筑拆除。

2. 机电设备及安装工程

机电设备及安装工程：主泵机；供水系统；检修排水系统；渗漏排水系统；水力监测系统；起重设备；暖通设备；泵站电气设备及安装工程；管理房、厂区照明电气设备及安装工程；消防设备。

3. 金属结构及安装工程

金属结构及安装工程：闸门设备及安装；启闭设备及安装；其他设备及安装。

【项目实施方法及目标】

1. 项目实施方法

本项目分为四个阶段：

第一阶段，熟悉资料，了解项目的任务要求。

第二阶段，任务驱动，学习相关知识，完成知识目标。在此过程中，需要探寻查阅有关资料、规范，完成项目任务实施之前的必要知识储备。

第三阶段，项目具体实施阶段，完成相应教学目标。在这个阶段，可能会遇到许多与之任务相关的问题，因此在本阶段要着重培养学生发现问题、分析问题、解决问题的能力。通过该项目的学习和实训，能够提高学生的专业知识、专业技能，同时提高学生的整体专业知识的连贯性。

第四阶段，专业检测，填写土方工程检验报告。在这个过程中，培养学生检测动手能力和规范填写检测报告的能力。

2. 项目教学目标

水利工程现场结构检测项目的教学目标包括知识目标、技能目标和素质目标三个方面。技能目标是核心目标，知识目标是基础目标，素质目标贯穿整个教学过程，是学习掌握项目的重要保证。

（1）知识目标。

1）掌握混凝土无损检测方法：回弹法、超声波法、超声回弹法现场检测混凝土结构。

2）掌握混凝土有损检测方法：钻芯法、拔出法现场检测混凝土结构。

3）掌握混凝土中钢筋检测。

（2）技能目标。

1）能根据工程基本资料及基本要求，进行混凝土结构的现场检测。

2）根据工程资料和规范要求，能对检测结果数据进行处理，判断质量是否合格。

（3）素质目标。

1）认真进行相应检测工程的检测任务——科学、认真填写检测结果，培养学生严谨认真的态度，科学务实的求真精神。

2）对照法规、专业标准、规范，合同约定进行结论判定——培养学生遵纪守法、树立规矩意识。

（4）现行规范。

1）《混凝土结构工程施工质量验收规范》（GB 50204—2015）。

2）《回弹法检测混凝土抗压强度技术规程》（JGJ/T 23—2011）。

（5）检测报告。

1）检测报告或者实训报告。学生应根据送检单位的检测任务的要求，按照规范、工程合同约定完成检测任务，出具检测报告；或者根据教学目标任务，填写实训报告。并说明检测成果是否合理，如不合理，列出处理步骤；数据计算方法要求正确，参数取值合理，数据真实可靠，计算结果正确可信。

2）课后说明。简要说明检测报告的计算依据、方法、目的，并对试验操作过程进行总结，巩固学生学习效果。

任务4.1　混凝土强度非破损检测

结构的非破损（或局部破损）检测是指在不破坏（或微破坏）结构构件，不影响结构整体工作性能和结构安全的情况下，利用物理学的力、声、电、磁等原理测定与结构材料性能有关的物理量，推定结构构件材料强度和内部缺陷的一种测试技术，常用于混凝土、砖石砌体、钢材等材料组成的结构构件的测试。

非破损检测混凝土强度的方法有回弹法、超声法和超声回弹综合法等。局部破损检测混凝土强度的方法有钻芯法和拔出法等。

非破损检测混凝土内部缺陷，如施工过程中造成的蜂窝、孔洞、温度或干缩裂缝，使用过程中因火灾腐蚀、冻害等造成的混凝土损伤，均可使用超声脉冲法进行检测。

此外，非破损检测技术可检测混凝土结构中的钢筋位置和锈蚀、钢材和焊缝的质量、砌体结构的强度等。

非破损（局部破损）检测技术的目的：

（1）评定结构构件的质量。

（2）加强施工管理，控制施工进度。

（3）对已建结构构件的承载力、耐久性、可靠性和剩余寿命进行评定。

4.1.1 非破损法检测构件混凝土强度

在实际工程中，遇到下列情况之一时，应对混凝土强度进行检测：

（1）缺乏同条件试块或标准试块数量不足。

（2）试块的质量缺乏代表性。

（3）试块的试验结果不符合现行标准、规范、规程的要求，并对结果持有怀疑。

用非破损方法直接量测某个物理量（回弹值、声速等），根据某一物理量与混凝土强度之间已建立的经验关系，评定被测构件的强度。由于用物理量去确定力学强度是一种间接方法，因此，必须注意试验条件、原材料等因素对试验结果的影响，力求减小量测误差。

4.1.2 回弹法

4.1 测混凝土强度检测——回弹法检测

回弹法是用回弹仪（图 4.1）锤击构件表面，其原理是用弹击拉簧驱动仪器内的弹击重锤，弹击混凝土表面，测得重锤的反弹距离，称为回弹值 R，查《回弹法检测混凝土抗压强度技术规程》（JGJ/T 23—2011）测强曲线或地区测强曲线，获得构件混凝土强度值。

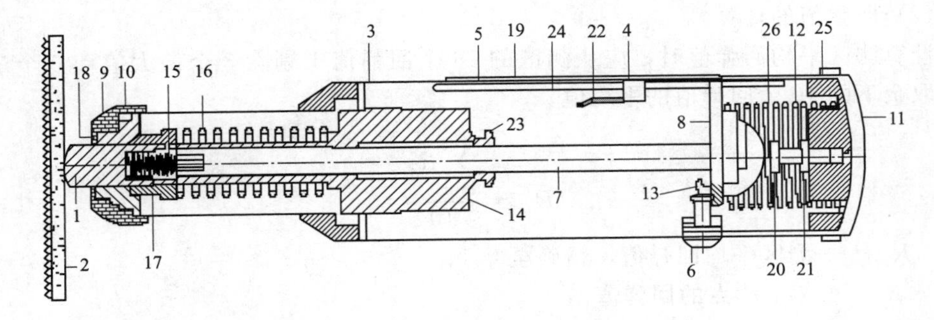

图 4.1 回弹仪构造图

1—冲杆；2—试验构件表面；3—套筒；4—指针；5—刻度尺；6—按钮；7—导杆；8—导向板；9—螺丝盖帽；10—卡环；11—后盖；12—压力弹簧；13—钩子；14—锤；15—弹簧；16—拉力弹簧；17—轴套；18—毡圈；19—透明护尺片；20—调整螺丝；21—固定螺丝；22—弹簧片；23—铜套；24—指针导杆；25—固定块；26—弹簧

1. 回弹法的适用条件

（1）用水泥作胶结材，碎石或卵石为粗集料，砂为细集料，用饮用水拌和的混凝土。

(2) 自然养护，龄期为 14～1000d。

(3) 混凝土强度为 10～60MPa。

(4) 表面受潮的混凝土，需风干后测试。

(5) 受冻的混凝土解冻后测试。

(6) 蒸养混凝土出池后 7d 以上，且混凝土表层为干燥状态。

(7) 体积小、刚度差厚度小于 10cm 的构件，需保证回弹时无颤动后测试。

(8) 环境温度－4～40℃。

2. 不适用回弹法的混凝土

(1) 测试部位表层与内部质量有明显差异或内部缺陷。

(2) 构件遭受化学腐蚀或火灾。

(3) 构件在硬化期间遭受冻伤。

3. 回弹仪的率定

回弹仪率定宜在干燥、室温为 5～35℃的条件下进行。率定时，钢钻应稳固地平放在刚度大的物体上。测定回弹值时，取连续向下弹击三次的稳定回弹平均值。弹击杆应分四次旋转，每次旋转宜为 90°。弹击杆每旋转一次的率定平均值应为 80±2。

4. 测试技术和混凝土强度的推定

(1) 单个结构构件检测。

1) 每个构件至少取 10 个测区，一个测区 0.04m^2，布置 16 个回弹测点，测区表面清洁、干燥、平整，没有接缝、饰面层、浮浆、蜂窝麻面等。

2) 回弹仪垂直于构件的检测面测试回弹值，每一个测点回弹一次，测点距不小于 20mm；测点距构件外边缘、预埋件的位置不小于 30mm。

3) 回弹值量测后，应选择不少于 30%的测区数，在有代表性的位置上量测碳化深度。

(2) 回弹值的计算。

计算测区平均回弹值时，应从测区的 16 个回弹值中剔除 3 个最大值和 3 个最小值，取余下的 10 个回弹值的平均值。

$$R_m = \frac{\sum_{i=1}^{10} R_i}{10} \tag{4.1}$$

式中 R_m——测区平均回弹值，精确至 0.1；

R_i——第 i 测点的回弹值。

当回弹仪非水平方向或测试面非混凝土浇筑侧面时，应对回弹值进行修正：

$$R_m = R_{m\alpha} + R_{a\alpha} \tag{4.2}$$

式中 $R_{m\alpha}$——非水平状态检测时测区平均回弹值，精确至 0.1；

$R_{a\alpha}$——测试角度为 α 的回弹修正值，按表 4.1 采用。

表 4.1 不同测试角度 α 的回弹修正值 $R_{a\alpha}$

$R_{m\alpha}$	α向上				α向下			
	+90°	+60°	+45°	+30°	−30°	−45°	−60°	−90°
20	−6.0	−5.0	−4.0	−3.0	+2.5	+3.0	+3.5	+4.0
30	−5.0	−4.0	−3.5	−2.5	+2.0	+2.5	+3.0	+3.5

续表

R_{ma}	$\alpha_{向上}$				$\alpha_{向下}$			
	+90°	+60°	+45°	+30°	−30°	−45°	−60°	−90°
40	−4.0	−3.5	−3.0	−2.0	+1.5	+2.0	+2.5	+3.0
50	−3.5	−3.0	−2.5	−1.5	+1.0	+1.5	+2.0	+2.5

注 当 $R_{ma}<20$ 或 $R_{ma}>50$ 时，分别按表中 20 和 50 查表。

(3) 单个构件混凝土强度的推定。

单个构件检测时，以构件最小测区强度值作为构件的混凝土强度推定值。

$$f_{cu,e}=f_{cu,\min}^{c} \tag{4.3}$$

5. 批量构件检测

批量构件检测，被检测的抽样构件数量应不少于构件总数的 30%，测区总数不少于 100 个。在该批构件强度满足相应均方差要求的前提下，按下列两式计算，并取其中较大值作为该批构件混凝土的强度推定值。

$$f_{cu,e_1}=mf_{cu}^{c}-1.645s_{f_{cu}^{c}} \tag{4.4}$$

$$f_{cu,e_2}=mf_{cu,\min}^{c} \tag{4.5}$$

式中 mf_{cu}^{c}——结构或构件混凝土强度平均值，MPa；

$s_{f_{cu}^{c}}$——结构或构件混凝土强度标准差，MPa；

$mf_{cu,\min}^{c}$——该批各个构件中最小测区混凝土强度换算值的平均值，MPa。

批量构件检测时，当该构件混凝土强度标准差出现下列情况之一时，应全部按单个构件检测推定混凝土强度。

(1) 该批构件混凝土强度平均值小于 25MPa，且 $s_{f_{cu}^{c}}>4.5$MPa；

(2) 该批构件混凝土强度平均值等于或大于 25MPa，且 $s_{f_{cu}^{c}}>5.5$MPa。

6. 回弹法检测混凝土强度的影响因素

(1) 回弹仪测试角度的影响。回弹仪应水平方向测试非水平方向测试时，考虑重力影响，对回弹值 R 进行修正。

(2) 测试混凝土不同浇筑面的影响。测试构件底部石子多，回弹值偏高；上表面因泌水、水灰比略大，回弹值偏低。试验时，应选择在构件侧面进行试验。

(3) 龄期和碳化深度的影响。空气中的二氧化碳与混凝土中氢氧化钙作用，生成硬度较高的碳酸钙，使回弹值偏大。

(4) 养护方法和湿度影响。相同强度等级的混凝土，因含水量不同，自然养护回弹值要高于标准养护回弹值。标准养护混凝土表面湿度大，回弹值低。

7. 回弹法检测试验

(1) 试验仪器设备。

1) 回弹仪或数字回弹仪：符合《回弹仪检定规程》(JJG 817—2011) 有关规定，并应符合下列标准状态的要求：

a. 水平弹击时，在弹击锤脱钩的瞬时，弹击锤的冲击能量为 2.207J。

b. 弹击锤与弹击杆碰撞的瞬时，弹击弹簧应处于自由状态。

c. 在洛氏硬度为 60±2 的钢砧上，回弹仪的率定值为 80±2。

2）碳化深度测定仪：测量深度8mm，分度值0.25mm。

3）其他：钢直尺、毛刷、磨平石、1%～2%酚酞酒精溶液、电锤等。

（2）试验步骤。

1）选定单个构件（梁、柱、剪力墙等），在构件表面布置测区并编号，测区宜选在构件的两个对称可测面上，也可选在一个可测面上，且应均匀分布；每个构件布置不少于10个测区，测区离构件端部或施工缝边缘的距离不宜小于0.2m，不宜大于0.5m；每个测区面积不宜大于200mm×200mm，测区内表面应为原浆面，且表面应清洁、干燥、平整，不应有接缝及蜂窝、麻面；测区表面有粉刷层、饰面层，浮浆及油污等污染物时，应用砂轮清除。

2）在每个测区内用回弹仪弹击16个测点，相邻两测点间距不宜小于20mm，测点距外露钢筋、预埋件的距离不宜小于30mm；弹击时，回弹仪轴线应始终垂直于混凝土检测面，缓慢施压，准确读数（精确至1个单位），快速复位。

3）边弹击边记录回弹值，同时在记录纸上绘制测区布置示意图并描述外观质量情况。

4）碳化深度测定：

a. 在有代表性的测区上测量碳化深度值。

b. 选定测点，测点数不少于测区数的30%，用电锤等工具在选定的测点上形成直径约15mm的孔洞。

c. 用毛刷净孔（不得用水擦洗），用滴管将浓度为1%的酚酞酒精溶液滴洒在洞内壁边缘处。

d. 用碳化深度测定仪量测未变色部分深度，此深度即为混凝土碳化深度，每测点测3次，每次测读精确至0.5mm。

5）计算及结果确定：

a. 计算每个测区平均回弹值：从该测区的16个回弹值中剔除3个最大值和3个最小值，余下的10个回弹值应按下式计算：

$$R_{m,i}=(\sum_{j=1}^{10}R_j)/10 \tag{4.6}$$

式中 $R_{m,i}$——第 i 个测区平均回弹值，精确至0.1；

R_j——第 j 个测点的回弹值。

b. 计算构件碳化深度值：

(a) 每个测点的碳化深度值（每测点测3次）以3次测量的平均值作为该测点的碳化深度值，精确至0.5mm。

(b) 构件每个测区碳化深度值（d_m）：以所有测点的碳化深度值平均值作为该构件每个测区的碳化深度值（即每个测区的碳化深度值相同）；当各个测点的碳化深度值极差大于2.0mm时，应在每个测区分别测量碳化深度值（即每个测区的碳化深度值不同）。

c. 计算单个构件每个测区混凝土强度换算值（$f_{cu,i}$）：按所求得的每个测区平均回弹值 $R_{m,i}$、求得的每个测区的碳化深度值（d_m）和混凝土类型（泵送、非泵送）等，查《回弹法检测混凝土抗压强度技术规程》（JGJ/T23—2011）中附录A或附录B中读得每个测区混凝土强度换算值（当有地区测强曲线或专用测强曲线时，测区混凝土强度换算值应按地区测强曲线或专用测强曲线换算得出）。

d. 计算单个构件测区混凝土强度换算值平均值及标准差。

6）记录及结果计算（表4.2和表4.3）。

表 4.2

回弹法检测原始记录表

构件名称：

编号		回弹值 N_i																	碳化深度					
构件	测区	1	2	3	4	5	6	7	8	9	10	11	12	13	14	15	16	$R_{m,i}$	测点三次碳化深度 L_i/mm			三次平均值	测点平均值	测区碳化深度值 d_m
	1																							
	2																							
	3																							
	4																							
	5																							
	6																							
	7																							
	8																							
	9																							
	10																							

测面状态	侧面、表面、底面、风干、潮湿、光洁、粗糙	回弹仪	型号		测区示意图	
测试角度 α	水平　向上　向下		编号			
			率定值			

测试人：　　　　记录人：　　　　计算人：　　　　测试日期：　　年　月　日

表 4.3　　　　　　　　　　　　　构件混凝土强度计算

构件名称及编号：

项目 \ 测区		1	2	3	4	5	6	7	8	9	10
回弹值	测区平均回弹值 $R_{m,i0}$										
	角度修正值（必要时）										
	角度修正后（必要时）										
	浇灌面修正值（必要时）										
	浇灌面修正后（必要时）										
测区碳化深度值 d_m/mm											
测区换算强度值 $f^c_{cu,i0}$/MPa											
芯样修正或同条件试块修正量 Δ_{tot}（必要时）											
Δ_{tot}修正后测区换算强度值（必要时）$f^c_{cu,i0}$/MPa											
强度推定制 $f^e_{cu}=$	MPa	$mf^c_{cu}=$			$S_{f^c_{cu}}=$			$f^c_{cu,\min}=$		$=$	
使用测区强度换算表名称：	规程　地区　专用				备注：						

4.2　回弹法检测混凝土抗压强度原始记录表

4.1.3　超声法

结构混凝土的抗压强度 f_c 与超声波在混凝土中的传播速度之间的关系是超声脉冲检测混凝土强度方法的理论基础。

1. 基本原理

超声波是通过专门的超声检测仪的高频电振荡激励仪器中的换能器的压电晶体，由压电效应产生的机械振动发出的声波在混凝土介质中的传播，混凝土超声波检测原理如图 4.2 所示。传播速度与混凝土的介质密度有关。混凝土的密度好，强度越高，相应声波传播速度越快；反之，传播速度越慢。

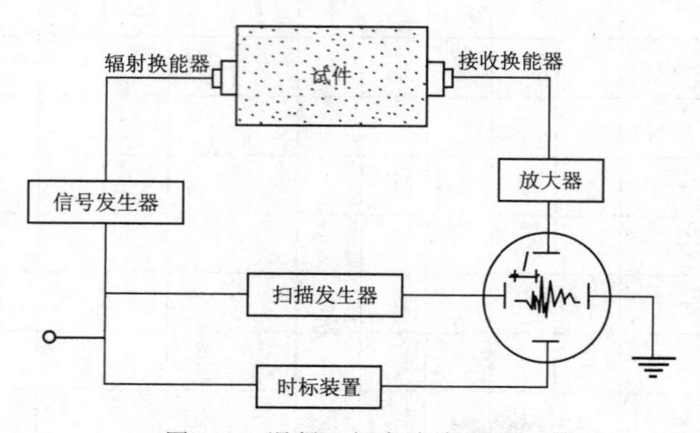

图 4.2　混凝土超声波检测原理

经试验验证，这种传播速度与强度大小的相关性，可以采用统计方法反映其相关规律的非线性物学模型来拟合，即通过试验建立混凝土强度与声速关系 $f_{cu}-v$ 曲线，求得混凝土强度。也可通过经验公式得到 f_{cu}。例如指数函数方程式

$$f_{cu}^{c}=Ae^{Bv} \tag{4.7}$$

或幂函数方程

$$f_{cu}^{c}=Av^{B} \tag{4.8}$$

式中 f_{cu}^{c}——混凝土强度换算值，MPa；

v——超声波在混凝土中传播速度；

A、B——常数项。

2. *混凝土超声波的检测仪器*

目前用于混凝土检测的超声波仪器可分为两大类：

(1) 模拟式：接受的超声信号为连续模拟量，可由时域波形信号测读参数，现在已很少采用。

(2) 数字式：接受的超声信号转换为离散数字量，具有采集、储存数字信号；测读声波参数和对数字信号处理的智能化功能。这是近几年发展起来的新技术，被广泛采用。

3. *超声法检测混凝土强度的应用缺陷和综合法的开发应用*

由于超声法检测混凝土强度，不确定影响因素较多，测试结果误差较大，所以目前单独采用超声法检测混凝土强度已很少应用。而广泛采用超声回弹综合法检测混凝土强度，以提高测试精度。下面介绍超声回弹综合法检测方法。

4.1.4 超声回弹综合法

1. *基本原理*

超声回弹综合法检测混凝土强度技术，实质上就是超声法与回弹法的综合测试方法。是建立在超声波在混凝土中的传播速度和混凝土表面硬度的回弹值与混凝土抗压强度之间的相关关系的基础上，以超声波声速值和回弹平均值综合反映混凝土抗压强度。

其优点是，综合法能对混凝土中的某些物理量在采用超声法和回弹法测试中产生的影响因素得到相互补偿。如综合法中混凝土碳化因素可不予修正，其原因是碳化深度较大的混凝土，由于其龄期长而内部含水量相应降低，使超声波声速稍有下降，可以抵消回弹值因碳化上升的影响。试验证明，用综合法的 $f_{cu}^{c}-v-R_{m}$ 相关关系推算混凝土抗压强度时，不需考虑碳化深度所造成的影响，而且其测量精度优于回弹法或超声法单一方法，减少了测试误差。

超声回弹综合法检测时，构件上每一测区的混凝土强度根据同一测区实测的超声波声速值 v 及回弹平均值 R_{m}，建立的 $f_{cu}^{c}-v-R_{m}$ 关系测强曲线推定的。其曲面形曲线回归方程所拟合的测强曲线比较符合 f_{cu}^{c}、v、R_{m} 三者之间的相关性。

$$f_{cu}^{c}=av^{b}R_{m}^{c} \tag{4.9}$$

式中 f_{cu}^{c}——混凝土抗压强度换算值，MPa；

v——超声波在混凝土中的传播速度，km/s；

R_m——回弹平均值；

a——常数项；

b，c——回归系数。

为了规范检测方法和数字式超声检测技术的发展应用，2020年我国修订出版了《超声回弹综合法检测混凝土抗压强度技术规程》（T/CECS 02—2020）。

2. *超声回弹综合法检测技术*

（1）回弹法测试与回弹值计算。

《回弹法检测混凝土抗压强度技术规程》（JGJ/T 23—2011）（简称《规程》）中规定：回弹值的量测与计算，基本上参照回弹法检测规程。所不同的是不需测量凝土的碳化深度，所以计算时不考虑碳化深度影响。其他对测试面和测试角度计算修正方法相同。

（2）超声法测试与声速值计算。

超声测点的布置应在回弹测试的同测区内，每一测区布置了3个测点。超声宜优先采用对测法，如图4.3所示；或角测法，如图4.4所示。当被测结构或构件不具备对测和角测条件时，可采用单面平测（参照《规程》附录B方法）。

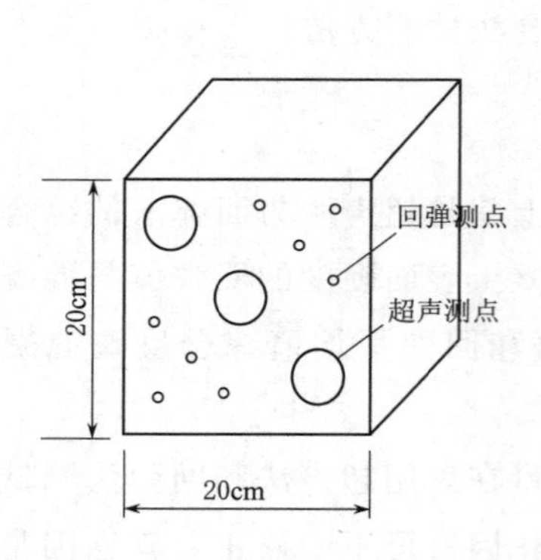

图4.3 测点布置图（对测）

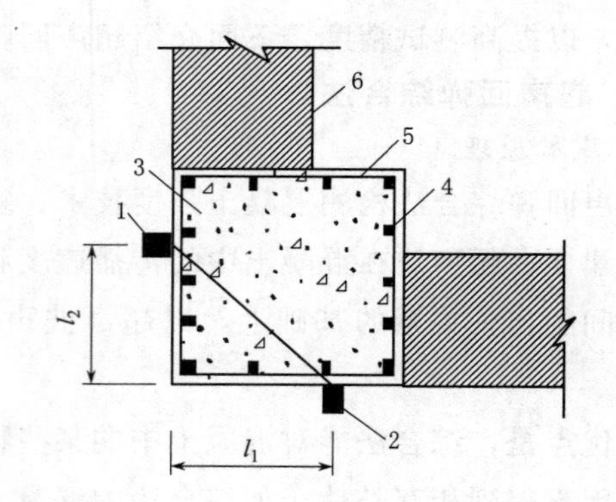

图4.4 超声波角测法示意图

1—发射换能器；2—接收换能器；3—混凝土构件；4—主筋；5—箍筋；6—墙体

1）超声测试时，换能器辐射面应通过耦合剂（黄油或凡士林等）与混凝土测试面良好耦合。当在混凝土浇筑方向的侧面对测时，测区混凝土中声速代表值应根据该测区中3个测点的混凝土中声速值，按下列公式计算：

$$v=\frac{1}{a}\sum_{i=1}^{3}\frac{l_i}{t_i-t_0} \tag{4.10}$$

式中 v——测区混凝土中声速代表值，km/s，精确至 0.01；

l_i——第 i 个测点的超声测距，mm；

t_i——第 i 个测点混凝土中声时读数，μs，精确至 0.1μs；

t_0——声时初读数，μs。

角测时测距按图 4.4 和《规程》附录 B 第 B.1 节公式计算；

$$l_i=\sqrt{l_{1i}^2+l_{2i}^2} \tag{4.11}$$

式中 l_i——角测第 i 个测点换能器的超声测距，mm，精确至 1mm；

l_{1i}，l_{2i}——角测第 i 个测点换能器与构件边缘的距离，mm。

2）当在试件混凝土的浇筑顶面或底面测试时，声速代表值应按下列公式修正：

$$v_a=\beta v \tag{4.12}$$

式中 v_a——修正后的测区混凝土中声速代表值，km/s；

β——超声测试面声速修正系数。在混凝土浇筑的顶面及底面对测或斜测时，β=1.034；在混凝土浇筑的顶面和底面平测时，测区混凝土声速代表值应按《规程》附录 B 第 R2 节计算和修正。

3）超声波平测方法的应用及数据的计算和修正，分为两种情况：

第一种是被测部位只有一个表面可供检测时，采用平测方法，每个测区布置 3 个测点，换能器布置如图 4.5 所示，布置超声平测点时，宜使发射和接受换能器的连线与附近钢筋成 40°～50°角，超声测距宜采用 350～450mm。计算时宜采用同一构件的对测声速 v_a 与平测声速 v_p 之比求得修正系数 λ（$\lambda=v_a/v_p$），对平测声速进行修正。当不具备对测与平测的对比条件时，宜选取有代表性的部位，以测距 l 为 200mm、250mm、300mm、350mm、400mm、450mm、500mm，逐点测读相应声时值，用回归分析方法，求出直线方程 $l=a+bt$，以回归系数 b 代替对测声速值，再对各平测声速值进行修正。

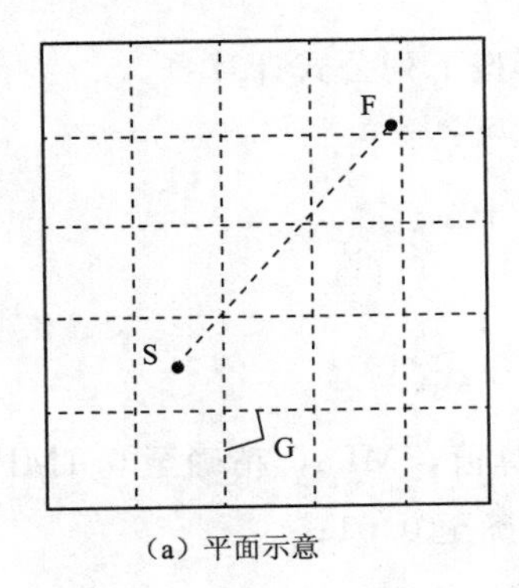

（a）平面示意

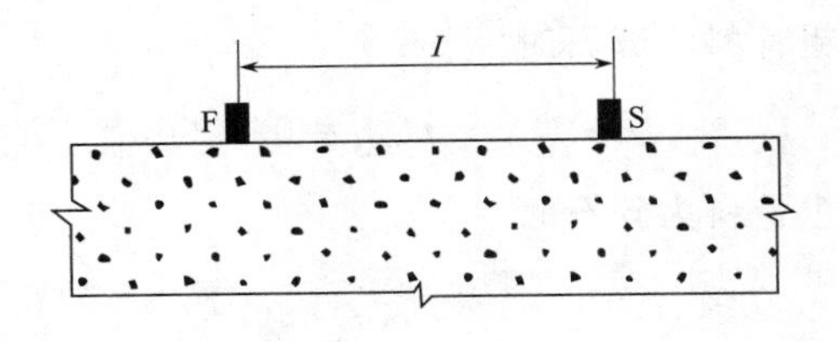

（b）立面示意

图 4.5 超声波平测示意图

F—发射换能器；S—接受换能器；G—钢筋轴线

采用评测方法修正后的混凝土声速代表值按以下公式计算：

$$v_a=\frac{\lambda}{3}\sum_{i=1}^{3}\frac{l_i}{t_i-t_0} \tag{4.13}$$

式中 v_a——修正后的平测时混凝土声速代表值，km/s；

l_i——平测第 i 个测点的超声测距，mm；

t_i——平测第 i 个测点的声时读数，μs；

λ——平测声速修正系数。

第二种是在构件浇筑顶面或底面平测时，可采用直线方程 $l=a+bt$ 求得平测数据，修正后混凝土中声速代表值按下列公式计算：

$$v_a=\frac{\lambda\beta}{3}\sum_{i=1}^{3}\frac{l_i}{t_i-t_0} \tag{4.14}$$

式中 β——超声测试面的声速修正系数，顶面平测 $\beta=1.05$，底面平测 $\beta=0.95$。

3. 超声回弹综合法结构混凝土强度的推定

(1) 适用范围：综合法的强度换算方法适用于下列条件的普通混凝土。

1) 混凝土用水泥应符合《通用硅酸盐水泥》(GB 175—2023) 的要求。

2) 混凝土用砂、石骨料应符合《普通混凝土用砂、石质量标准及检测方法》(JGJ 52—2006) 的要求。

3) 可掺或不掺矿物掺和料、外加剂粉煤灰泵送剂。

4) 人工或一般机械搅拌的混凝土或泵送混凝土。

5) 自然养护。

6) 龄期 7～2000d，混凝土强度 10～70MPa。

(2) 测区混凝土抗压强度换算应符合下列规定：

1) 当不进行芯样修正时，测区的混凝土抗压强度宜采用专用测强曲线或地区测强曲线换算而得。

2) 当进行芯样修正时，测区混凝土抗压强度可按下列公式计算：

当粗骨料为卵石时

$$f_{cu,i}^{c}=0.0056v_{ai}^{1.769}R_{ai}^{1.769}+\Delta_{cu,z} \tag{4.15}$$

当粗骨料为碎石时

$$f_{cu,i}^{c}=0.0162v_{ai}^{1.656}R_{ai}^{1.410}+\Delta_{cu,z} \tag{4.16}$$

式中 $f_{cu,i}^{c}$——构件第 i 个测区混凝土抗压强度换算值，MPa，精确至 0.1MPa；

v_{ai}——第 i 个测区声速代表值，km/s，精确至 0.01；

R_{ai}——第 i 个测区回弹代表值，精确至 0.1；

$\Delta_{cu,z}$——修正量，按《混凝土结构现场检测技术标准》(GB/T 50784—2013) 的附录C计算，当无修正时，$\Delta_{cu,z}=0$。

(3) 当采用对应样本修正量法时，修正量和相应的修正可按下列公式计算：

$$\Delta_{loc}=f^{c}_{cor,m}-f^{c}_{cu,r,m} \tag{4.17}$$

$$f^{c}_{cu,ai}=f^{c}_{cu,i}+\Delta_{loc} \tag{4.18}$$

式中 Δ_{loc}——对应样本修正量，MPa；

$f^{c}_{cu,r,m}$——与芯样对应的测区换算强度平均值，MPa；

$f^{c}_{cor,m}$——芯样抗压强度平均值，MPa；

$f^{c}_{cu,i}$——修正前测区混凝土换算强度，MPa；

$f^{c}_{cu,ai}$——修正后测区混凝土换算强度，MPa。

当采用对应样本修正系数方法时，修正系数和相应的修正可按下列公式计算：

$$\eta_{loc}=f^{c}_{cor,m}/f^{c}_{cu,r,m} \tag{4.19}$$

$$f^{c}_{cu,ai}=\eta_{loc}\times f^{c}_{cu,i} \tag{4.20}$$

式中 η_{loc}——对应样本修正系数。

当采用一一对应修正法时，修正系数和相应的修正可按下列公式计算：

$$\eta=\frac{1}{n_{cor,r}}\sum_{i=1}^{n_{cor,r}}f_{cor,i}/f^{c}_{cu,r,i} \tag{4.21}$$

$$f^{c}_{cu,ai}=\eta\times f^{c}_{cu,i} \tag{4.22}$$

(4) 对单个构件混凝土抗压强度推定，应符合《混凝土结构现场检测技术标准》(GB/T 50784—2013) 附录 A.3.6 条的要求。

4. 超声回弹综合法检测结构混凝土强度试验

(1) 试验仪器设备。

1) 回弹仪或数字回弹仪：符合《回弹仪检定规程》(JJG 817—2011) 有关规定，并应符合下列标准状态的要求：

a. 水平弹击时，在弹击锤脱钩的瞬时，弹击锤的冲击能量为 2.207J。

b. 弹击锤与弹击杆碰撞的瞬时，弹击弹簧应处于自由状态。

c. 在洛氏硬度为 60±2 的钢砧上，回弹仪的率定值为 80±2。

2) 数字超声波检测仪及配套的换能器：符合《混凝土超声波检测仪》(JG/T 5004—1992) 有关规定：换能器工作频率在 50～100kHz 范围，声时分度值为 0.1μs，信号幅度分度值为 1dB(波幅单位 dB)；调整系统：接收灵敏度不大于 50μV，接收放大器频响范围 10～500kHz，总增益不小于 80dB。

3) 其他：钢直尺、毛刷磨平石、耦合剂（黄油）等。

4) 仪器使用环境条件：超声波使用温度 0～40℃；回弹仪使用温度－4～40℃。

(2) 试验步骤。

1) 按回弹法检测混凝土强度试验要求，对所选构件布置测区并编号，采用对画法时测区布置在构件两个对测面的对称位置（组成超声波发射测区和接收测区），每个构件布置不少于10个测区，测区尺寸宜为200mm×200mm，测区内表面应为原浆面，且表面应清洁、干燥、平整，不应有接缝及蜂窝、麻面，测区表面有粉刷层、饰面层、浮浆及油污等污染物时，应用砂轮清除。

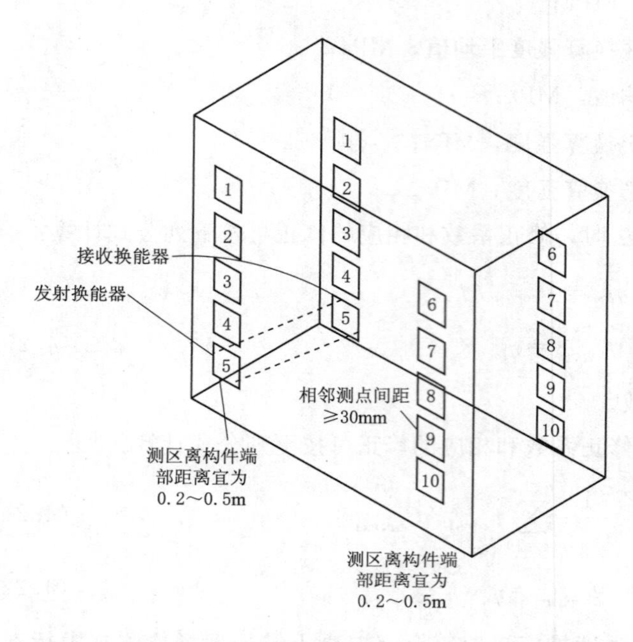

图4.6 布置和编好号的测区

2）对布置和编好号的测区（图4.6）按回弹法检测混凝土强度方法进行回弹，弹击点数为：超声波的发射测区和接收测区内各弹击8个点，作为该测区的回弹值（共16个点），回弹测点在测区范围内均匀布置，相邻测点之间间距不宜小于30mm，测点距离构件边缘或外露钢筋、铁件的距离不应小于50mm，同一测点只允许弹击一次。

3）布置超声测点，对每个测区布置3个测点，在测点位置涂抹黄油作耦合剂，或者直接在换能器上涂抹黄油作耦合剂。

4）先对超声波检测仪进行调零操作，消除超声仪与发射、接收换能器之间的系统声延时，现以U520非金属超声波超声检测义为例说明调零操作，采用自动调零法：

a. 进人超声波检测仪的“综合法检测混凝土强度”的测试界面，任输入某一构件名称和对法测距，启动“采样”按钮，将平面换能器涂抹黄油后直接耦合，再次按“采样”按钮，此时试界面为“静态波形”状态，按“调零”按钮，输入标准声时值（换能器直接耦合时，输入0”，标准声时棒与换能器耦合时，输入标准声时棒的声时值）。

b. 调零界面自动消失，进入动态采样状态，此时调整好波形后（调整增益以增大或减少波幅），按“采样”按钮，弹出消除系统延时的声时值，按“确定”按钮确定即可。

c. 调零后多次测量声时值（即多次用换能器直接耦合或标准声时棒与换能器耦合），其偏差应≤±2个采样周期，否则应重新调零。

d. 当超声仪更换采样通道或更换换能器及连接线时，应重新进行调零操作，以消除超声仪与发射、接收换能器之间的系统声延时。

5）超声波测试：进入超声波检测仪的“综合法检测混凝土强度”的测试界面，输入测试构件名称和对测法测距（精确至 1.0mm），将发射换能器和接收换能器耦合在构件对应测区的对应测试点上，按“采样”按钮，采集波形。

6）调整波形：数字式超声波检测仪能够通过声时自动判读线和幅度（波幅）自动判读线自动判别首波，自动测得读数得到声时值，从而算得超声波在混凝土中传播时的波速值，如图 4.7 所示。

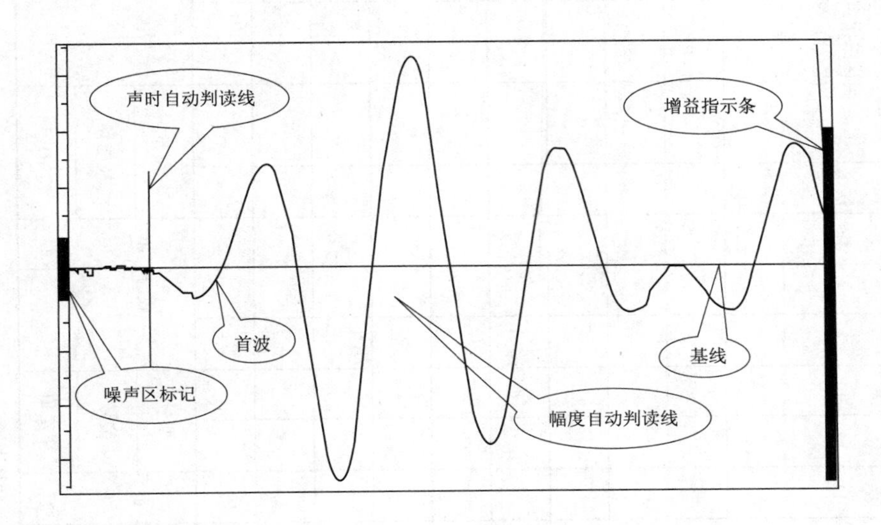

图 4.7 波形示意图

a. 噪声区标记：用于区别噪声和信号，波幅未超过噪声区标记高度范围内的波均为噪声波，采样时可以适当调节噪声区标记高度，使该高度比噪声波幅略大一点，以便噪声波完全在该高度范围内，但注意噪声区标记高度不能调得太高，否则可能将首波波幅调到该高度范围内，误将首波当作噪声。

b. 增益指示条：反映波形信号波幅大小，可调；当幅度自动判读线不能判别出首波波幅时，可以通过增加或减少增益（即增加或减少波幅值），将幅度自动判读线能自动捕捉到首波的波幅位置；应尽量将波幅调整到超出噪声区但未达到示波显示器的满屏状态。

调整波形后，当幅度自动判读线和声时自动判读线能自动捕捉到首波时，按“存储”按钮，完成该测点的波形采集和声时测定，依次完成所有测区的所有测点的超声波采集。

（3）试验记录及结果计算（表 4.4 和表 4.5）。

表 4.4

超声回弹综合法检测原始记录表

构件名称：

编号		回弹值 N_i																	声速值				
构件	测区	1	2	3	4	5	6	7	8	9	10	11	12	13	14	15	16	$R_{m,i}$	测区三次声速值/(km/s)			测区声速平均值	备注
	1																						
	2																						
	3																						
	4																						
	5																						
	6																						
	7																						
	8																						
	9																						
	10																						

测面状态	侧面、表面、底面、风干、潮湿、光洁、粗糙	回弹仪	型号		超声仪	型号		测区示意图	
测试角度 α	水平　向上　向下		编号			换能器			
测试方法	平测　对测　角测		率定值			初始声时			

测试人：　　　　记录人：　　　　计算人：　　　　测试日期：　　年　月　日

表 4.5　　　　　　　　　　构件混凝土强度计算

构件名称及编号：

项目 \ 测区		1	2	3	4	5	6	7	8	9	10
回弹值	测区平均回弹值 $R_{m,i0}$										
	角度修正值（必要时）										
	角度修正后（必要时）										
	浇灌面修正值（必要时）										
	浇灌面修正后（必要时）										
测区声速值/(km/s)											
测区换算强度值 $f^{c}_{cu,i0}$/MPa											
芯样修正或同条件试块修正系数 η(必要时)											
η 修正后测区换算强度值（必要时） $f^{c}_{cu,i}=\eta\times f^{c}_{cu,i0}$/MPa											
强度推定制 $f^{e}_{cu}=$　　MPa		$mf^{c}_{cu}=$			$S_{f^{c}_{cu}}=$			$f^{c}_{cu,\min}=$		$k=$	
使用测区强度换算表名称：　　规程　地区　专用								备注：			

4.1.5 局部破损检测构件混凝土强度

1. 钻芯法

（1）钻芯法的基本概念。

钻芯法是在结构混凝土上直接钻取芯样，将芯样加工后进行抗压强度试验，这种方法被公认是一种较为直观可靠的检测混凝土强度的试验方法。

钻芯法试验需要专门的钻芯机（图 4.8），由于钻芯时对结构有局部损伤故属于半破损检验方法。芯样应具有代表性，并尽量在结构次要受力部位取芯。选择取芯位置时应特别注意避开主要受力钢筋、预埋件和管线的位置。取芯方法操作技术芯样加工要求、抗压试验和强度计算等均应遵循新修订颁布的国家行业标准《钻芯法检测混凝土强度技术规程》(JGJ/T 384—2016)。

（2）钻取芯样的技术要求。

1）钻芯法适用于检测结构中强度不大于 80MPa 的普通混凝土强度（不宜小于 10MPa)。

2）钻取芯样前，应预先探测钢筋的位置，钻取的芯样内不应含有钢筋，尤其不允许含有与芯样轴线平行的纵向钢筋，以免影响芯样抗压强度。若是配筋较密的构件无法避开时，芯样内最多允许含有两根直径小于 10mm 的横向钢筋；直径小于 100mm 的小芯样试件只允许含有一根直径小于 10mm 的横向钢筋。

3）单个构件检测时，其芯样数量不应少于 3 个。

4）《钻芯法检测混凝土强度技术规程》(JGJ/T 384—2016) 规定：抗压试验的芯样试件宜采用标准芯样试件。钻取标准芯样的试件公称直径一般不应小于骨料最大粒径的 3 倍。并以直径 100mm、高度 h 与直径 d 之比为 1 的芯样作为标准芯样。采用

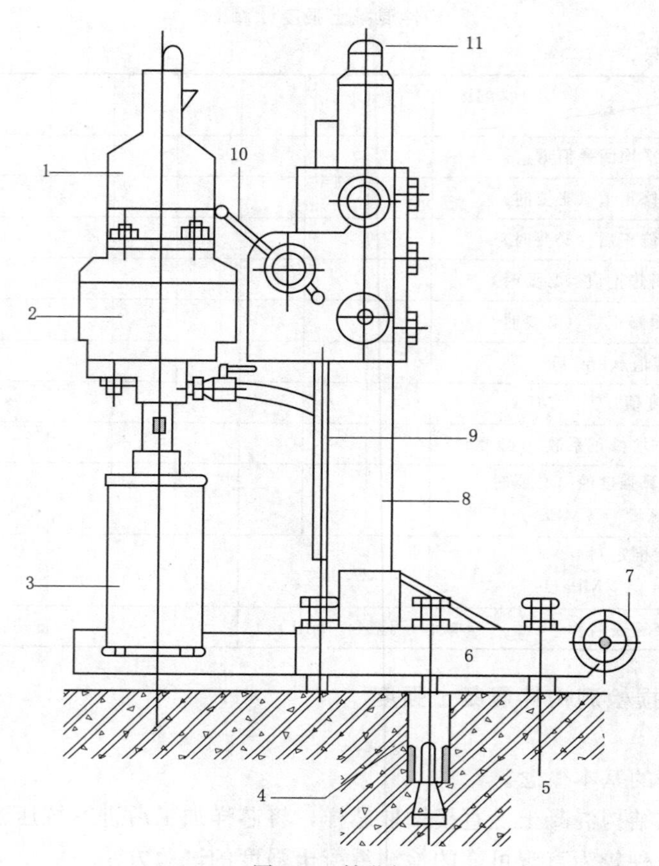

图 4.8 钻芯机

1—电动机；2—变速箱；3—钻头；4—膨胀螺栓；5—支撑螺丝；6—底座；7—行走轮；8—主柱；9—升降齿轮；10—进钻手柄；11—堵盖

小直径芯样试件时，直径不应小于70mm，不得小于最大骨粒径的2倍。芯样试件的数量，应根据检测批的容量确定。

5）芯样端面应磨平，防止不平整导致应力集中而影响实测强度。

6）钻孔取芯后结构上留下的孔洞应及时采用高一级强度等级的不收缩混凝土进行修补。

(3) 芯样抗压试验和混凝土强度推定。

芯样试件宜在被检测结构或构件混凝土干、湿度基本一致的条件下进行抗压试验。如结构工作条件比较干燥，芯样在受压前应在室内自然干燥3d，以自然干燥状态进行试验。如结构工作条件比较潮湿，则芯样应在(20±5)℃的清水中浸泡40～48h，从水中取出后进行试验。芯样试件的混凝土强度换算值按下式计算：

$$f_{cu,cor}=\beta F_c/A \tag{4.23}$$

式中 $f_{cu,cor}$——芯样试件混凝土强度值，MPa，精度至0.1MPa；

F_c——芯样试件抗压试验所测得的最大压力，N；

A——芯样试件抗压截面面积，mm^2；

β——芯样试件强度换算系数，取 1.0。

国内外大量试验证明，以直径 100mm 或 150mm，高径比 $h/d=1$ 的圆柱体芯样试件的抗压强度试验值，其与边长为 150mm 的立方体试块强度基本上是一致的，因此可直接作为混凝土的强度换算值。

对于小直径芯样（$d<100$mm）检测，在配筋过密的构件中应用较多。由于受芯样直径与粗骨料粒径之比的影响，大量试验证明，离散性较大，实际应用时要慎重。一般通过适当增加小芯样钻取数量增加检测结果的可信度。

芯样抗压强度值的推定：

1）当确定单个构件混凝土抗压强度推定时，芯样试件数量不应少于 3 个，对小尺寸构件不得少于 2 个，然后按芯样试件抗压强度值中的最小值确定。

2）当确定检测批的混凝土抗压强度推定值时，100mm 直径的芯样试件的最小样本量不宜少于 15 个，70mm 直径芯样试件不宜少于 20 个。其检测批强度推定值应计算推定区间，按《混凝土结构现场检测技术标准》（GB/T 50784—2013）方法计算推定区间的上限值和下限值，然后按《钻芯法检测混凝土强度技术规程》（JGJ/T 384—2016）规定确定强度推定值。

2. 拔出法

（1）拔出法基本概念。

拔出法是用一根螺栓或类似的装置，部分埋入混凝土中，然后拔出，通过测定其拔出力的大小来评定混凝土强度。

拔出法包括后装拔出法和预埋拔出法。后装拔出法是在已经硬化的混凝土表面钻孔、磨槽、嵌入锚固件并安装拔出仪进行拔出法检测，测定极限拔出力，并根据预先建立的极限拔出力与混凝土抗压强度之间的相关关系推定混凝土抗压强度的检测方法。预埋拔出法是对预先埋置在混凝土中的锚盘进行拉拔，测定极限拔出力，并根据预先建立的极限拔出力与混凝土抗压强度之间的相关关系推定混凝土抗压强度的检测方法。

拔出法检测结果可作为评价混凝土质量的一个主要依据，下列情况适宜采用预埋拔出法：

1）确定拆除模板或施加荷载的时间。

2）确定施加或放张预应力的时间。

3）确定预制构件吊装的时间。

4）确定停止湿热养护或冬季施工时停止保温的时间。

（2）拔出法检测装置。

检测装置由钻孔机、磨槽机、锚固件及拔出仪等组成。拔出法检测装置可采用圆环式或三点式。

1）圆环式后装拔出法：圆环式后装拔出法检测装置的反力支承内径 d_3 宜为 55mm，锚固件的锚固深度 h 宜为 25mm，钻孔直径 d_1 宜为 18mm，如图 4.9 所示。

2）圆环式预埋拔出法圆环式预埋：拔出法检测装置的反力支承内径 d_3 宜为 55mm，锚固件的锚固深度 h 宜为 25mm，拉杆直径 d_1 宜为 10mm，锚盘直径 d_2 宜为 25mm，如图 4.10 所示。

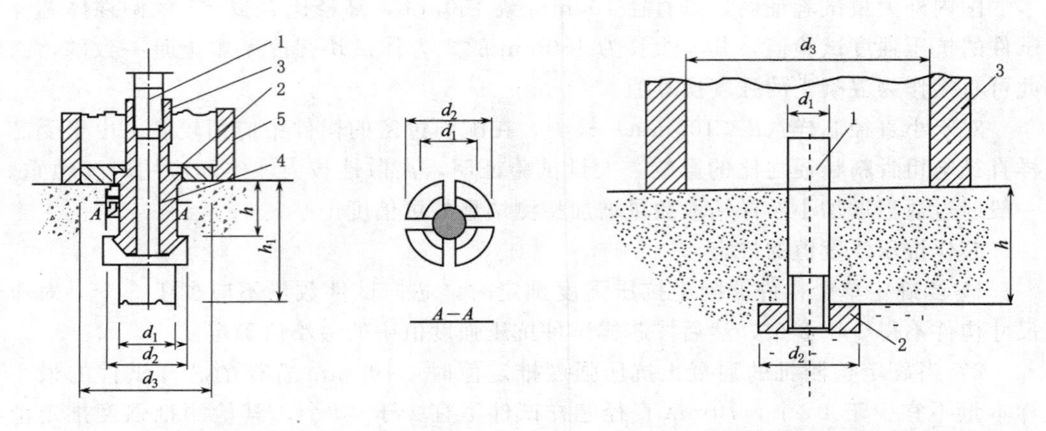

图 4.9 圆环式后装拔出法检测装置

1—拉杆；2—对中圆盘；3—胀簧；4—胀杆；5—反力支承

图 4.10 圆环式预埋拔出法检测装置

1—拉杆；2—锚盘；3—反力支承

3）三点式后装拔出法：三点式后装拔出法检测装置的反力支承内径 d_s 宜为 120mm，锚固件的锚固深度 h 宜为 35mm，钻孔直径 d 宜为 22mm，如图 4.11 所示。

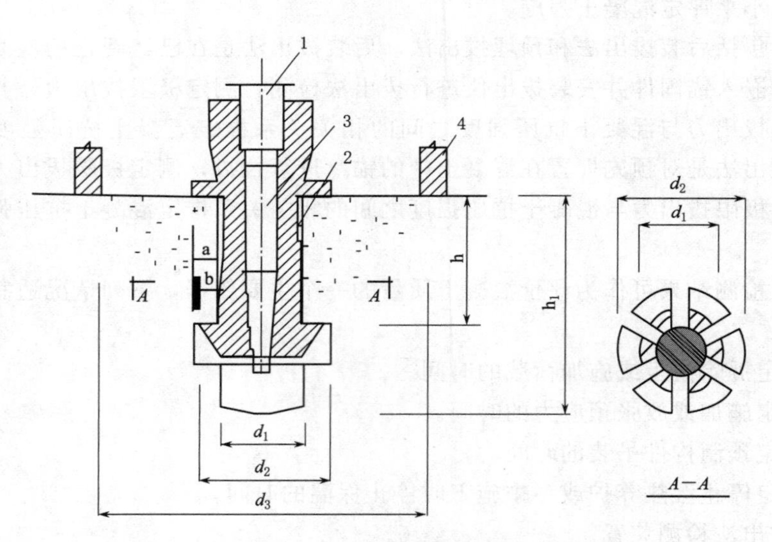

图 4.11 三点式后装拔出法检测装置

1—拉杆；2—胀簧；3—胀杆；4—反力支承

当混凝土粗集料最大粒径不大于 40mm 时，应优先采用圆环式拔出法检测装置。

（3）预埋拔出法。

预埋拔出法采用圆环式拔出仪进行试验。其操作步骤可分为：安装预埋件、浇筑混凝土、拆除连接件、拉拔锚盘。

预埋件的布点数量和位置应预先规划确定。对单个构件进行强度测试时，至少设置3个预埋点；同批构件按批量抽样检测时，抽检数量应根据测批的样本容量按照国家现行标准《建筑结构检测技术标准》（GB/T 50344—2019）的有关规定确定，且最小样本容量不少于15个，每个构件预埋点数宜为1个。预埋点之间的距离不应小于250mm；预埋点离混凝土边沿的距离不应小于100mm；预埋点部位的混凝土厚度不宜小于80mm且预埋件与钢筋边缘间的净距离不应小于钢筋的直径。

安装预埋件时，将锚头与定位杆组装在一起，并在其外表涂上一层隔离剂。在浇筑混凝土之前，将预埋件安装在划定测点部位的模板内侧。当测点在浇筑面时，应将预埋件钉在与圆盘连接的木板上，确保模板漂浮在混凝土表面。在模板内侧浇筑混凝土时，预埋点周围的混凝土应与其他部位同样捣实，但是不能损坏预埋件。之后拆除模板和定位杆，进行拔出试验。

拔出试验时，应将拉杆一端穿过小孔旋入锚盘中，另一端和拔出仪连接。拔出仪的反力支承均匀地压紧混凝土测试面，并与拉杆和锚盘处于同一轴线。摇动拔出仪的摇把，对锚固件施加连续均匀的拔出力，其速度控制在0.5～1.0kN/s，直至混凝土破坏，测力显示器读数不再增加为止，记录的拔出力值精确至0.1kN。最后根据测强曲线，由拔出力换算出混凝土的抗压强度。

预埋拔出法在北欧、北美许多国家得到广泛应用。这种试验方法现场应用方便且费用低廉。施工中对混凝土强度进行控制，不仅可以保证工程质量，也是提高施工技术水平的一个重要手段。例如，夏季施工时，确定提前拆模时间，可以加快模板周转，缩短施工工期；冬季施工时，确定防护和养护结束时间，可以避免出现质量问题，减少养护费用；预制构件生产时，确定构件的出池、起吊、预应力的放松或张拉时混凝土强度，加快生产周期等等，其经济效益和社会效益都是巨大的。

（4）后装拔出法。

预埋拔出法尽管有许多优点，但它也有缺点。预埋拔出法必须事先做好计划，不能在混凝土硬化后随时进行。为了克服上述缺点，人们便开始研究一种在已经硬化的混凝土上钻孔、锚固再拔出的试验技术，这就是后装拔出法。采用这种方法时，只要避开钢筋或铁件的位置，在已经硬化的新旧混凝土的各种构件上都可以使用，特别当现场结构缺少混凝土强度的有关资料时，是非常有价值的一种检测手段。后装拔出法由于适应性强，检测结果可靠性较高，已成为许多国家注意和研究的现场混凝土强度检测方法之一。

后装拔出法可采用圆环式拔出仪或三点式拔出仪进行试验。各种方法之间并不完全相同，但大同小异，下面以圆环支撑拔出仪为例，详细介绍后装拔出试验。

1）测点布置测点布置应符合下列规定：

a. 按单个构件检测时，应在构件上均匀布置3个测点，当3个拔出力中的最大拔出力和最小拔出力与中间值之差的绝对值均小于中间值的15%时，仅布置3个测点；当最大拔出力和最小拔出力与中间值之差的绝对值大于中间值的15%时（包括两者均大于中间值的15%），应在最小拔出力测点附近再加2个测点。

b. 同批构件按批抽样检测时，抽检数量应符合国家现行标准《建筑结构检测技术标准》（GB/T 50344—2019）的有关规定，每个构件预埋点数宜为1个，且最小样本容量不少于15个。

c. 测点应该布置在构件混凝土成型的侧面，如果不能满足，也可以布置在混凝土浇筑面。

d. 在构件受力较大及薄弱部位应布置测点，相邻两侧点的间距不应小于250mm；当采用圆环式拔出仪时，测点距构件边缘不应小于100mm；采用三点式拔出仪时，测点距构件边缘不应小于150mm；测试部位的混凝土厚度不宜小于80mm。

e. 测点应避开接缝、蜂窝、麻面部位及钢筋和预埋件。

2）钻孔、卧槽与锚固件后装拔出试验的操作步骤如图4.12所示。

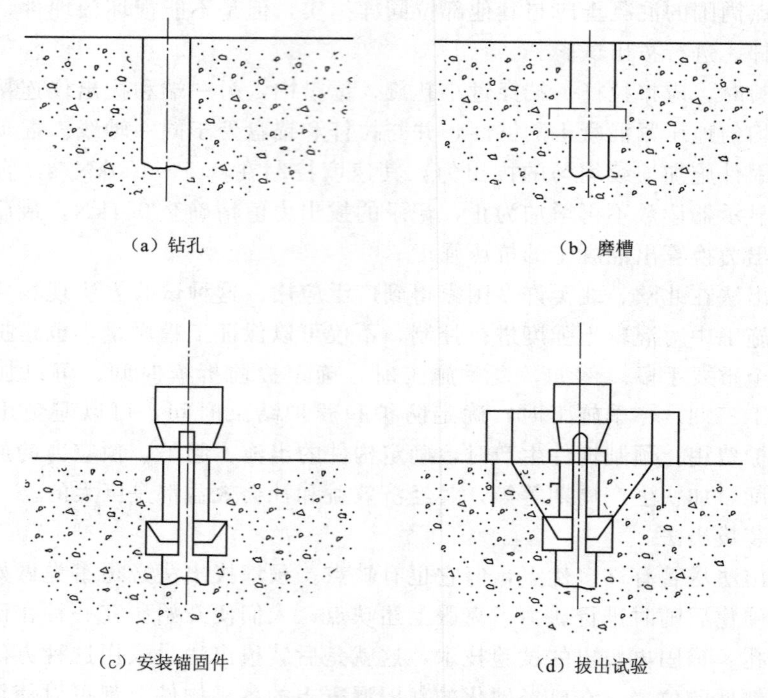

图4.12 后装拔出试验的操作步骤

所有后装拔出法，不论锚固件是胀圈、胀簧、胀钉还是粘钉方式，都离不开钻孔。钻出的孔外形规整、孔壁光滑。钻孔的基本要求是：孔径准确，孔轴线与混凝土表面乘直，垂直度偏差不应大于3°。

在混凝土孔壁廓环形槽时，磨槽机的定位圆盘应始终紧靠混凝土测试面回转，磨出的环形槽形状应规整，在圆孔中距孔口25mm处磨切一槽，磨槽采用由电动机、专用磨头及水冷却装置组成的磨槽机，且有控制深度和垂直度的装置，磨槽时磨槽机沿孔壁运动，磨头便对孔壁进行磨切。

3）拔出试验试验时，应使胀簧锚固台阶完全嵌入环形槽内，拔出仪与锚固件用拉杆连接对中，并与混凝土测试面垂直，之后的操作过程与预埋拔出法相同。

拔出法试验时，混凝土中粗集料粒径对拔出力的影响最大。混凝土的拔出力变异系数随着粗集料最大粒径的增加而增加。因此，被检测混凝土的粗集料最大粒径不大于 40mm 时规定锚固件的锚固深度为 25mm；当集料粒径大于 40mm 时，需要更深的锚固深度，以保证检测结果的精度。集料粒径对拔出试验的影响原因，一方面，安设的锚固件也许就在集料中；另一方面，不同的粗集料粒径要求被拔出的混凝土圆锥体的体积大小也不同，这与混凝土粗集料粒径与标准试块尺寸的比例规定相似。若集料最大粒径大于 40mm，需要采用锚固件深度为 35mm 的拔出试验装置，使拔出试验具有更广的使用范围。

当锚固件锚固深度为 35mm 时，拔出力将比锚固深度为 25mm 时有较大幅度的增加，采用三点反力支撑可以降低拔出力，使拔出仪能够容易满足最大量程的要求。

(5) 拔出法测强曲线。

拔出法检测混凝土强度，一个重要的前提就是预先建立混凝土极限拔出力和抗压强度的相关关系，即测强曲线。在建立测强曲线时，一般按照以下步骤进行。

1) 基本要求。

a. 混凝土所用水泥应符合现行国家标准《通用硅酸盐水泥》(GB 175—2023) 的要求；混凝土用砂、石符合国家现行标准《建设用砂》(GB/T 14684—2022)、《建设用卵石、碎石》(GB/T 14685—2022) 以及《普通混凝土用砂、石质量及检验方法标准》(JGJ 52—2006) 的规定。

b. 建立测强曲线试验用混凝土，不宜少于 8 个强度等级，每一强度等级混凝土不少于 6 组，每组由 1 个至少可布置 3 个测点的拔出试件和相应的 3 个立方体试块组成。

c. 每组拔出试件和立方体试块应采用同盘混凝土，在同一振动台上同时振捣成型，同条件养护，同时进行试验。

d. 拔出法检测的测点应布置在试件混凝土成型侧面；每一拔出试件上，应进行不少于 3 个测点的拔出法检测，取平均值作为该试件的拔出力计算值 F 拔出试验的强度代表值，应按现行国家标准《混凝土强度检验评定标准》(GB/T 50107—2010) 确定。

2) 曲线制订将各试件试验所得的拔出力和试块抗压强度值汇总，按最小二乘法原理，进行回归分析。回归分析时，一般采用直线回归方程：

$$f^c_{cu}=AF+B \tag{4.24}$$

式中 f^c_{cu}——混凝土强度换算值，MPa，精确至 0.1MPa；

F——拔出力，kN，精确至 0.1kN；

A——测强公式回归系数，$10^3/mm^2$；

B——测强公式回归系数，MPa。

直线方程使用方便、回归简单、相关性好，是国际上普遍使用的方程形式。用相对标准差和相关系数来检验回归效果。相对标准差 e_r 按下式计算：

$$e_r=\sqrt{\frac{\sum_{i=1}^{n}(f_{cu,i}/f^c_{cu,i}-1)^2}{n-1}}\times 100\% \tag{4.25}$$

式中 e_r——相对标准差；

$f_{cu,i}$——第 i 组立方体试块抗压强度代表值，MPa，精确至 0.1MP；

$f_{cu,i}^c$——由第 i 个拔出试件的拔出力计算值 F_i，按式（4.24）计算的强度换算值，MPa，精确至 0.1MPa；

n——建立回归方程式的试件组数。

值得注意的是，测强曲线的使用，仅限于建立在回归方程所试验的混凝土强度范围内，不可外推。经过上述步骤建立的测强曲线在进行技术鉴定后，才能用于工程质量检测。

3）强度换算采用不同拔出法的混凝土强度换算公式有所不同：

a. 后装拔出法（圆环式）

$$f_{cu}^c = 1.55F + 2.35 \tag{4.26}$$

b. 后装拔出法（三点式）

$$f_{cu}^c = 2.76F - 11.54 \tag{4.27}$$

c. 预埋拔出法（圆环式）

$$f_{cu}^c = 1.28F - 0.64 \tag{4.28}$$

以上三式中 f_{cu}^c——混凝土强度换算值，MPa，精确至 0.1MPa；

F——拔出力代表值，kN，精确至 0.1kN。

如果有地区测强曲线或者专用测强曲线时，应按照地区测强曲线或专业测强曲线计算。

4）强度推定。

a. 单个构件的混凝土强度推定单个构件检测时，当构件三个拔出力中的最大和最小拔出力与中间值之差的绝对值均小于中间值的15%时，取最小值作为该构件的拔出力代表值。当需加测时，加测的两个拔出力值和最小拔出力值一起取平均值，再与前一次的拔出力中间值比较，取小值作为该构件的拔出力代表值。将单个构件的拔出力代表值根据不同的检测方法对应代入式（4.26）～式（4.28）中计算强度换算值作为单个构件混凝土强度推定值 $f_{cu,e}$：

$$f_{cu,e} = f_{cu}^c \tag{4.29}$$

b. 批抽检构件的混凝土强度推定按批抽检时，将抽样检测的每个拔出力作为拔出力代表值根据不同的检测方法代入式（4.26）～式（4.28）中计算强度换算 $f_{cu,i}^c$ 值混凝土的强度推定值 $f_{cu,e}$ 可按下列公式计算：

$$f_{cu,e} = mf_{cu}^c - 1.645 s_{f_{cu}^c} \tag{4.30}$$

$$m f_{cu}^c = \frac{1}{n}\sum_{i=1}^{n} f_{cu,i}^c \tag{4.31}$$

$$s_{f_{cu}^c} = \sqrt{\frac{\sum_{i=1}^{n}(f_{cu,i}^c - m f_{cu}^c)^2}{n-1}} \tag{4.32}$$

式中 $s_{f_{cu}^c}$——检验批中构件混凝土的强度换算值的标准差，MPa，精确至 0.01MPa；

m——批抽检的构件数；

n——批抽检构件的测点总数；

$f_{cu,i}^c$——第 i 个测点混凝土强度换算值，MPa；

mf_{cu}^c——批抽检构件混凝土强度换算值的平均值，MPa，精确至 0.1MPa。

对于按批抽样检测的构件，当全部测点的强度标准差或变异系数出现下列情况时，该批构件应全部按单个构件进行检测：

(a) 当混凝土强度换算值的平均值不大于 25MPa 时，$s_{f_{cu}^c}$ 大于 4.5MPa。

(b) 当混凝土强度换算值的平均值大于 25MPa 且不大于 50MPa 时，$s_{f_{cu}^c}$ 大于 5.5MPa。

(c) 当混凝土强度换算值的平均值大于 50MPa 时，变异系数 δ 大于 0.10，其中变异系数可按下式计算：

$$\delta=\frac{s_{f_{cu}^c}}{mf_{cu}^c} \tag{4.33}$$

4.1.6 超声法检测混凝土内部缺陷

混凝土内部缺陷有裂缝、疏松、蜂窝、孔洞、化学侵蚀、冻害和火灾损伤等。超声法检测混凝土缺陷的原理是：用低频超声波检测仪，测量超声脉冲的纵波在混凝土的中传播速度、波幅和频率，来判断混凝土的缺陷。超声脉冲通过缺陷时，速度减小，声时偏长，波幅和频率明显降低。

1. 裂缝检测

混凝土裂缝深度小于或等于 500mm，可采用单面平测法或双面斜测法。单面平测法见图 4.13，只有表面供超声检测（如混凝土路面、大体积混凝土构件等）。双面斜测法见图 4.14，有两个相互平行的测试表面（如混凝土梁、板、柱等构件）。

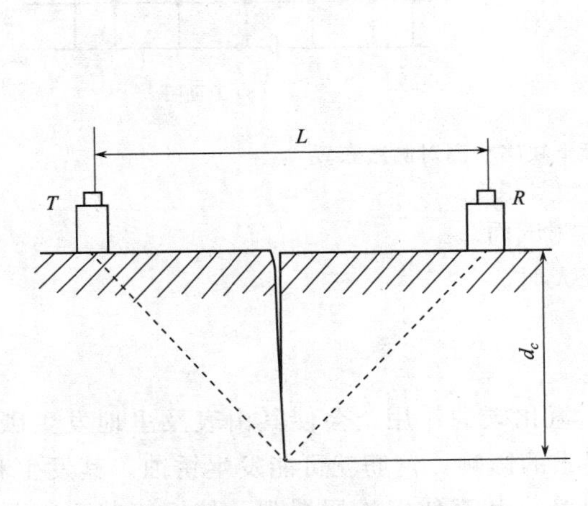

图 4.13 单面平测法检测裂缝深度

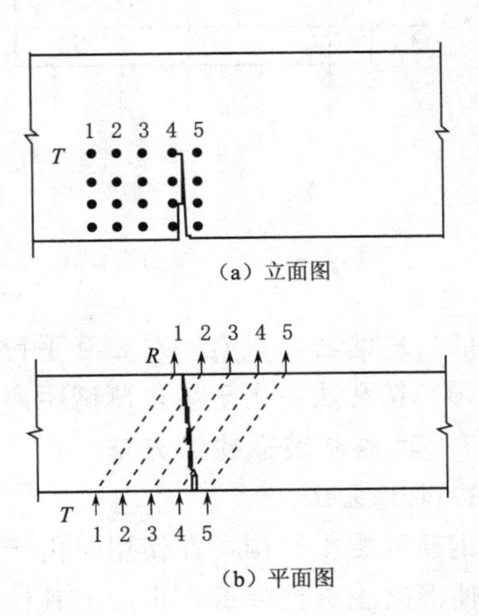

图 4.14 双面斜测法检测裂缝深度

裂缝深度大于 500mm 的深裂缝，可采用钻孔法进行探测，见图 4.15。

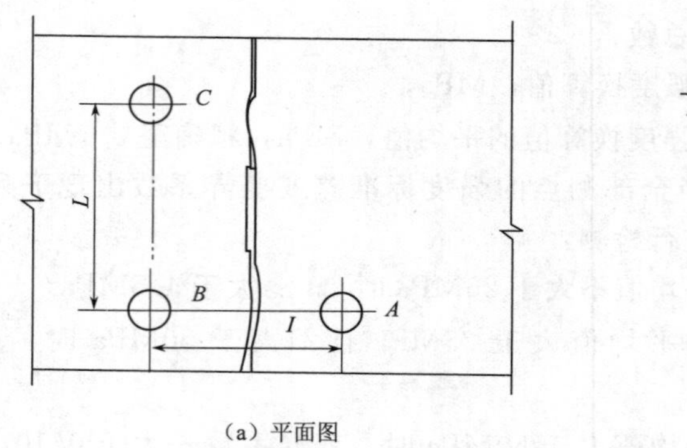

(a) 平面图

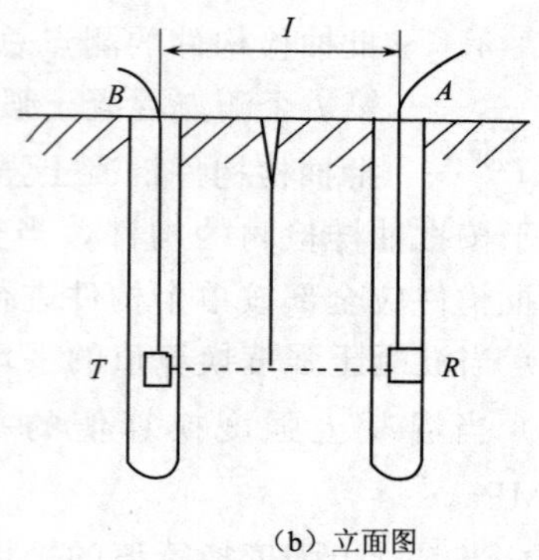

(b) 立面图

图 4.15 钻孔检测裂缝深度

2. 内部缺陷

混凝土内部缺陷（疏松、空洞等）可用以下方法检测：

(1) 对测法，见图 4.16，结构具有两对相互平行的测试面。

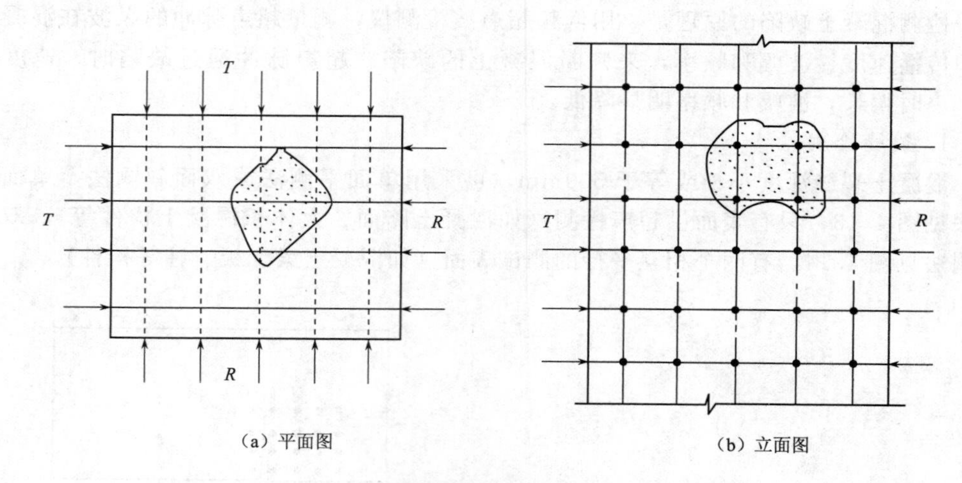

(a) 平面图

(b) 立面图

图 4.16 混凝土缺陷检测对测法布置

(2) 斜测法，只有一对相互平行的测试面。

(3) 钻孔法，用于结构测试距离较大时。

4.1.7 其他非破损检测方法

1. 电位差法

钢筋混凝土结构，在使用时由于二氧化碳的作用，会使其由表及里地发生碳化，从而使混凝土碱性降低，再加上其他因素的影响，钢筋就可能发生锈蚀。其发生和发展意味着钢筋与混凝土的握裹力遭到破坏，甚至使保护层爆裂，使钢筋截面削弱等，致使结构失效。

钢筋的锈蚀，可用电位差法加以测定。其原理是由于钢筋的腐蚀产生腐蚀电流，锈蚀的程度不同，其接地电位差也不一样。

2. *电磁法*

电磁法是利用电磁感应原理，检测铁磁性材料的不可见位置大小及内部缺陷情况等。当前此类设备主要有两种：钢筋位置测定仪和磁粉探伤机。

钢筋位置测定仪是检测钢筋混凝土结构中钢筋的位置、直径和保护层厚度等的有效仪器。

磁粉探伤机主要用于探测钢结构内部缺陷。其基本原理是根据钢铁材料磁化产生的电磁场，在缺陷处要发生畸变，其形状可通过撒磁粉得到显示。

3. *声发射法*

声发射是材料受力或其他作用后，当某个局部点上的应变超过弹性极限，发生位错、滑移、相变、压碎或微裂缝等，被释放出来的动能形成弹性应力波。这种应力波虽然振幅很小，但能在材料中传播，可由紧贴于材料表面的传感器接收到。这在断裂力学分析中有着重要的意义。

声发射探测器就是根据上述原理，利用声发射仪来探测正在产生和变化着的结构缺陷（裂缝）的。声发射仪的作用，就是把从传感器（探头）感受到的信号进行放大、滤波和各种分析处理，通过记录仪显示或记录下来，取得结构材料内部微观或宏观变化着的信号作为判别缺陷的依据。

4. *射线法*

射线法探测，利用射线对各种物质的穿透力来检测物体内部构造或缺陷。其实质是根据被测物体内所包含的各种介质（如混凝土中的钢筋、石子、砂浆、孔洞、裂缝等）对射线能量衰减的程度不同，而使射线透过物体后强度发生不同变化，在感光材料上获得投影所产生的潜影，经处理后即可得到物体内部构造与缺陷情况的图像，或通过量测仪器测得射线不同强度变化的数据，判断物体的内部情况。

任务4.2　混凝土保护层及碳化深度检测

4.2.1　混凝土保护层厚度

1. *基本概念*

混凝土钢筋保护层厚度为纵向钢筋（非箍筋）最外侧至混凝土表面之间的最小距离。混凝土钢筋保护层具有保护钢筋的作用，可防止钢筋直接暴露。现场检测混凝土钢筋保护层厚度时，可采用电磁感应钢筋探测仪检测方法或雷达仪检测方法进行检测。

（1）电磁感应钢筋探测仪检测方法。

由单个或多个线圈组成的探头产生电磁场，当钢筋或其他金属物体位于该电磁场时，磁力线会变形。金属所产生的干扰导致电磁场强度的分布改变，被探头探测到，通过仪器显示出来。如果对所检测的钢筋尺寸和材料进行适当的标定，可以用于检测钢筋位置、数量、直径及混凝土保护层厚度。

(2) 雷达仪检测方法。

由雷达天线发射电磁波，从与混凝土中电学性质不同的物质如钢筋等的界面反射回来，并再次由混凝土表面的天线接收，根据接收到的电磁波来检测反射体的情况。

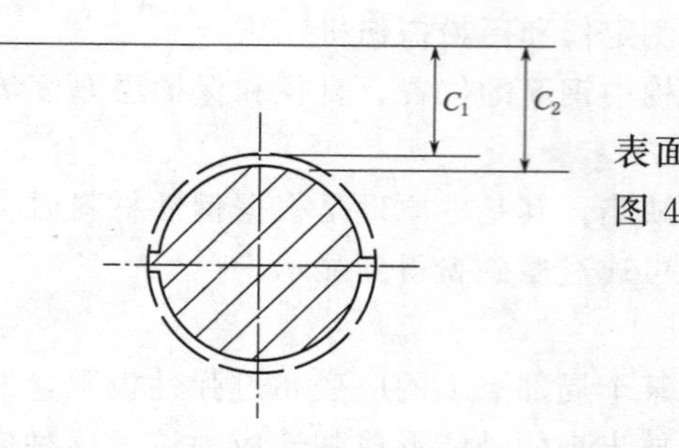

图4.17 带肋钢筋保护层厚度

(3) 钢筋保护层厚度。

对于光圆钢筋，为混凝土表面与钢筋表面间的最小距离，对于带肋钢筋，其值如图4.17所示，带肋钢筋保护层厚度 $C_i = C_1$。

2. 试验仪器设备

(1) 电磁感应法钢筋检测仪。

(2) 游标卡尺。

(3) 其他：钢直尺、记号笔、打磨机等。

3. 试验步骤

钢筋保护层厚度、数量、间距检测步骤如下：

(1) 根据工程设计资料，确定检测区域钢筋筋的可能分布状况，选择混凝土表面作为检测面，检测面应清洁、平整，并避开金属预埋件。

(2) 仪器在检测前先进行预热或调零，调零时探头必须远离金属物体。在检测过程中，应经常检查仪器是否偏离初始状态并及时进行调零。

(3) 清除构件待测表面粉刷层，并清理干净。

(4) 进行钢筋位置检测时，探头有规律地在检测面上移动，直到仪器显示接收信号最强或保护层厚度示值最小时，结合设计资料判断钢筋位置，此时探头中心线与钢筋轴线基本重合。在相应位置做好标记。按上述步骤将相邻的其他钢筋逐一标出，得到钢筋数量和量测出钢筋间距值。

(5) 钢筋定位后可进行保护层厚度的检测：

1) 设定好仪器量程范围及钢筋直径，沿被测钢筋轴线选择相邻钢筋影响较小的位置，并应避开钢筋接头，读取指示保护层厚度值 C。每根钢筋的同一位置重复检测2次，每次读取1个读数。

2) 对同一处读取的2个保护层厚度值相差大于1mm时，应检查仪器是否偏离标准状态并及时调整（如重新调零）。不论仪器是否调整，其前次检测数据均舍弃，在该处重新进行2次检测并再次比较，如2个保护层厚度值相差仍大于1mm，则应该更换检测仪器或采用钻孔、剔凿的方法核实。

注：大多数仪器要求钢筋直径已知方能检测保护层厚度，此时仪器必须按照钢筋实际直径进行设置。

(6) 当实际保护层厚度值小于仪器最小示值时，可以采用附加垫块的方法进行检测。宜优先选用仪器所附的垫块，自制垫块对仪器不应产生电磁干扰，表面光滑平整，其各方向厚度值偏差不大于0.2mm。所加垫块厚度 C_0 在计算时应予扣除。

(7) 保护层厚度验证：当出现下列情况时，应选取不少于 30%的已检测钢筋且不少于 6 处采用钻孔、剔凿等方式进行验证并修正，验证采用游标卡尺直接测量，精确至 0.1mm。

1) 当认为相邻钢筋对检测结果有影响时。

2) 钢筋公称直径未知或有异议时。

3) 钢筋实际根数、位置与设计有较大偏差时。

4) 钢筋及混凝土材质与校准试件有显著差异时。

(8) 计算钢筋的混凝土保护层厚度平均值：

$$C_{m,i}^{t}=(C_{1}^{t}+C_{2}^{t}+2C_{c}-2C_{0})/2 \tag{4.34}$$

式中 $C_{m,i}^{t}$——第 i 测点钢筋的混凝土保护层厚度平均值，mm，精确至 1mm；

C_{1}^{t}，C_{2}^{t}——第 1、2 次检测的指示保护层厚度值，mm，精确至 1mm；

C_{c}——保护层厚度修正值，为同一规格钢筋的混凝土保护层厚度剔凿实测验证值减去钢筋检测仪测得的检测值（当两者差异不超过±2mm时，可判定剔凿实测验证结果和检测值无明显差异，无需进行保护层厚度修正，取 $C_{c}=0$，当两者差异超过±2mm 时，称为有明显差异点，在检验批中有明显差异的点数不超过《混凝土结构现场检测技术标准》（GB/T 50784—2013）中表 3.4.5-2 范围时，可直接采用钢筋检测仪的检测结果，即取 $C_{c}=0$，否则要进行修正），精确至 0.1mm；

C_{0}——探头垫块厚度（无垫块时，$C_{0}=0$），精确至 0.1mm。

(9) 计算或绘制钢筋间距图。

钢筋间距结果可以根据实际需要，绘制钢筋间距结果图。当同一构件钢筋检测数量不少于 7 根（6 个间隔）时，可以给出被测钢筋的最大间距、最小间距，并计算钢筋平均间距 $S_{m,i}=\frac{\sum_{i=1}^{n}S_{i}}{n}$（精确至 1mm），也可根据第一根钢筋和最后一根钢筋的位置，确定这两个钢筋的距离，计算出钢筋的平均间距。

(10) 记录及结果计算（表 4.6）。

表 4.6 混凝土中钢筋检测记录

试验项目		工 程 名 称		构件名称及编号		
试验方法			试验规程			
主要仪器设备名称			试验环境条件			
试验人员			指导老师			
记录人员			试验日期		垫层厚度/mm	

续表

试验项目		工 程 名 称				构件名称及编号		
试验原始记录								
序号	保护层厚度设计值/mm	检测部位	钢筋公称直径间距/mm	保护层厚度检测值/mm				钢筋保护层厚度平均值/mm
				第1次	第2次	平均值	验证值	
检测部位示意：								

注 纵向受力钢筋保护层厚度允许偏差：对梁类构件为＋10mm，－7mm；对板类构件为＋8mm，不少于－5mm；钢筋直径允许偏差：±3mm；不合格点的最大偏差均不应大于允许偏差的1.5倍；每根纵向受力钢筋选3个测点，每个测点测两次取平均值，再取3个测点的保护层厚度平均值作为该根钢筋保护层厚度值。

4．检测相关

(1)《混凝土结构工程施工质量验收规范》(GB 50204—2015) 中对钢筋保护层厚度检验规定：

1) 钢筋保护层厚度检验，对梁、板类构件，应各自抽取构件总数量（包括悬挑构件）的2%且不少于5个构件进行检验；当有悬挑构件时、抽取的构件中悬挑梁、板类构件所占有比例各自均不宜少于50%。

2) 对选定的梁类构件，应对全部纵向受力钢筋的保护层厚度进行检验；对选定的板类构件，应抽取不少于6根纵向受力钢筋的保护层厚度进行检验；对每根纵向受力钢筋选有代表性的不同部位量测3点取平均值。

3) 当全部纵向受力钢筋保护层厚度检验合格率为90%以上时，则钢筋保护层厚度检验结果评为合格；当全部纵向受力钢筋保护层厚度检验合格率小于90%但不小于80%时，再抽取相同数量的构件进行检验；当按两次抽样总数计算的合格率在90%及以上时，则钢筋保护层厚度检验结果评为合格；每次抽样检验结果中不合格点的最大偏差均不应大于允许偏差的1.5倍。

(2)《混凝土结构现场检测技术标准》(GB/T 50784—2013)中对钢筋数量和间距、钢筋保护层厚度规定：

1)批量检测钢筋数量和间距时，检验批和抽检构件数量的确定：

a. 按设计文件中钢筋配置要求相同的构件作为一个检验批。

b. 检验批内抽样构件数量按表 4.7 确定。

表 4.7　建筑结构抽样检测的最小样本容量

检测批的容量	检测类别和样本最小容量			检验批的容量	检测类别和样本最小容量		
	A	B	C		A	B	C
2～8	2	2	3	91～150	8	20	32
9～15	2	3	5	151～280	13	32	50
16～25	3	5	8	281～500	20	50	80
26～50	5	8	13	501～1200	32	80	125
51～90	5	13	20	—	—	—	—

注　检测类别 A 适用于一般施工质量的检测，检测类别 B 适用于结构质量或性能的检测，检测类别 C 适用于结构质量或性能的严格检测或复检。

2)检验批内每个构件的钢筋数量和间距检测规定：

a. 检测梁、柱类构件主筋数量和间距时，应将构件测试面一侧所有主筋逐一检出，并在构件表面标注出每个检测钢筋的相应位置。

b. 检测墙、板类构件钢筋数量和间距，检测梁、柱类构件的箍筋数量和间距时，在每个测试部位连续检出 7 根钢筋，少于 7 根时全部检出，并在构件表面标出每个检出钢筋的相应位置；当存在箍筋加密区时，宜将加密区内箍筋全部测出。

3)单个构件钢筋数量和间距的符合性判定：

a. 梁、柱类构件主筋实测根数少于设计根数时，该构件配筋判为不符合设计要求。

b. 梁、柱类构件主筋的平均间距与设计要求的偏差大于相关标准规定的允许偏差时，该构件配筋应判为不符合设计要求。

c. 墙、板类构件钢筋平均间距与设计要求的偏差大于相关标准规定的允许偏差时，该构件配筋应判为不符合设计要求。

d. 梁、柱类构件箍筋按墙、板类构件钢筋相同方法判定。

4)检验批符合性判定应符合下列规定：

a. 根据检验批中受检构件的总数量和受检的单个构件的符合性判定满足表 4.8 要求时，判为该检验批合格。

表 4.8　检验批符合性规定

项　目	样本容量	合格判定数	不合格判定数	样本容量	合格判定数	不合格判定数
检验批主控项目符合性判定	2～5	0	1	50	5	6
	8～13	1	2	80	7	8
	20	2	3	125	10	11
	32	3	4	—	—	—

续表

项　　目	样本容量	合格判定数	不合格判定数	样本容量	合格判定数	不合格判定数
检验批一般项目符合性判定	2～5	1	2	32	7	8
	8	2	3	50	10	11
	13	3	4	80	14	15
	20	5	6	125	21	22

注　此表内容来源于《混凝土结构现场检测技术标准》(GB/T 50784—2013) 表 3.4.5-1 及表 3.4.5-2。

b. 对于梁、柱类构件，检验批中一个构件的主筋实测根数少于设计根数，该检验批直接判为不符合设计要求。

c. 对于墙、板类构件，当出现检验批中受检构件的钢筋间距偏差大于允许值的 1.5 倍时，该检验批直接判为不符合设计要求。

d. 对于判为符合设计要求的检验批，可建议采用设计的钢筋数量和间距进行结构性能判定；对于判定为不符合设计要求的检验批，宜细分检验批后重新检测或进行全数检测。当不能进行重新检测或全数检测时，建议采用最不利检测值进行结构性能评定。

5）钢筋保护层厚度检测时，检验批和抽检构件数量的确定。

工程质量检测时，混凝土保护层厚度的抽检数量及合格判定规则，按《混凝土结构工程施工质量验收规范》(GB 50204—2015) 中规定执行。

6）结构性能检测时，检验批钢筋保护层厚度检测应符合以下规定：

a. 按设计要求的混凝土保护层相同的同类构件作为一个检验批，按 B1 第 (2) 条的 A 类构件确定受检构件的数量。

b. 随机抽取构件，对梁、柱类构件，应对全部纵向受力钢筋混凝土保护层厚度进行检测；对于墙、板类构件应抽取不少于 6 根钢筋进行混凝土保护层厚度检测。

c. 检验批内全部受检钢筋的混凝土保护层厚度检测值要计算均值区间，总体均值的推定区间计算公式为

$$\mu_{\mu}=m+k_{0.5}S \tag{4.35}$$

$$\mu_{1}=m-k_{0.5}S \tag{4.36}$$

式中 μ_{μ}——均值推定区间上限值；

μ_{1}——均值推定区间下限值；

$k_{0.5}$——推定区间限值系数（查 GB/T 50784—2013 表 3.4.6 确定）；

m——样品平均值；

S——样品标准差。

d. 当均值推定区间上限值与下限值差值不大于其均值的 10%时，该批钢筋的混凝土保护层厚度检测值可按推定区间上限值或下限值确定；当均值推定区间上限值与下限值差值大于其均值的 10%时，宜补充检测或重新划分检验批进行检测。当不具备补充检测或重新检测条件时，应以最不利检测值作为该检验批混凝土保护层厚度检测值。

4.2.2 混凝土碳化深度检测

1. 碳化基本概念

水泥一经水化就游离出大约35%的氢氧化钙，它对于混凝土的硬化起了重大作用，已硬化的混凝土表面受到了空气中二氧化碳作用，使氢氧化钙逐渐变化，生成硬度较大的碳酸钙，这就是混凝土的碳化现象，它对回弹法检测强度有显著的影响。因为碳化使混凝土表面硬度增加，回弹值增大，但对混凝土强度影响不大，从而影响了 $f-R$ 相关关系。不同的碳化深度对其影响不一样，对不同强度等级的混凝土，同一碳化深度的影响也有差异。

影响混凝土表面碳化速度的主要因素是混凝土的密实度和碱度以及构件所处的环境条件。一般来讲，密实度差的混凝土，孔隙率大，透气性好，易于碳化；碱度高的混凝土氢氧化钙含量多，硬化后与空气中的二氧化碳作用生成碳酸钙的时间就长，亦即碳化速度慢。此外，混凝土所处环境的大气二氧化碳浓度及周围介质的相对湿度也会影响混凝土表面碳化的速度，一般在大气中存在水的条件下，混凝土碳化速度随着二氧化碳浓度的增加而加快，当大气的相对湿度为50%左右时，碳化速度较快。过高的湿度如100%，将会使混凝土孔隙充满着水，二氧化碳不易扩散到水泥石中，或者水泥石中的钙离子通过水扩散到表面，碳化生成的碳酸钙把表面孔隙堵塞，所以碳化作用不易进行。过低的湿度如25%，孔隙中没有足够的水使二氧化碳生成碳酸，碳化作用也不易进行。随着硬化龄期的增长，混凝土表面一旦产生碳化现象后，其表面硬度逐渐增大，使回弹值与强度的增加速度不等，显著地影响了 $f-R$ 关系，国内外的研究资料都得出了共同的结论。

消除碳化影响的方法，国内外并不相同。国外通常采用磨去碳化层或不允许对龄期较长的混凝土进行测试。

我国曾有过以龄期的影响代替碳化影响的方法。另有一些研究单位则提出以碳化深度作为检测强度公式的一个参数来考虑。对于自然养护的混凝土，碳化作用与龄期的影响是相伴产生的，随着龄期的增长，混凝土强度增长，碳化深度也增大，但只用龄期来反映碳化的因素是不全面的。前已述及，即使龄期相同但处于不同环境条件的混凝土，其碳化深度值差异较大。陕西省建筑科学研究院曾将同批成型并经28d标准养护后不同强度等级的混凝土试块，一半用塑料袋密封保存，另一半存放室内在空气中自然养护10d及一年。前者（自然养护10d）碳化深度值几乎为0，后者（自然养护一年）为5～6mm。试验结果表明，同龄期（一年）不同碳化深度时，$f-R$ 曲线差异较大，而同碳化深度（均为0）不同龄期的 $f-R$ 关系曲线基本一致。说明自然养护条件下一年以内的龄期影响实质上是碳化的影响所致。所以，与其用龄期来反映碳化对回弹检测强度的影响，远不如用碳化深度作为另一个检测强度参数来反映更为全面。它不仅包括了龄期的影响，也包括了因不同水泥品种、不同水泥用量引起的混凝土不同碱度从而使同条件同龄期试块具有不同的碳化深度，而且也反映了构件所处环境条件，例如，温度、湿度、二氧化碳含量及日光照射等对碳化及强度的影响。这样，使得测强曲线简单，提高了测试精度，扩大了使用范围。反之，按不同龄期、不同水泥品种及不同水泥用量建立多条测强曲线，不仅十分烦琐使用不便，且会引起误差。

2. 碳化深度值测量

回弹值测量完毕后，应在有代表性的位置上测量碳化深度值，测点表不应少于构件测区数的30%，取其平均值为该构件每测区的碳化深度值。当碳化深度值极差大于2.0mm时，应在每一测区测量碳化深度值。

碳化深度值测量，可采用适当的工具在测区表面形成直径约15mm的孔洞，其深度应大于混凝土的碳化深度。孔洞中的粉末和碎屑应清除干净，且不得用水擦洗，以保持测量的准确性。使用浓度为1%～2%的酚酞酒精溶液滴在孔洞内壁的边缘处，当已碳化与未碳化界线清晰时，采用碳化深度测量仪测量已碳化与未碳化混凝土交界面到混凝土表面的垂直距离。测量应至少进行3次，每次读数精确至0.25mm，并取平均值作为最终结果，精确至0.5mm。

测区的平均碳化深度值按下式计算

$$d_m=\frac{\sum_{i=1}^{n}d_i}{n} \tag{4.37}$$

式中 d_m——测区平均碳化深度值，mm；

d_i——每 i 次测量的碳化深度值，mm；

n——测区碳化深度测量次数。

当 $d_m<0.5$mm时，按 $d_m=0$ 处理；当 $d_m>6$mm时，按 $d_m=6$mm计算。

【项目小结】

本项目从实际工程出发，结合水利工程项目，简单介绍混凝土结构无损检测的方法，介绍了水利工程混凝土结构无损检测的方法、仪器、数据处理等基本内容。重点强调水利工程质量检测人员的规范检测的重要性，培养学生查找规范的能力。

4.3 项目4 习题答案

【项目4 习题】

一、单选题

1. 回弹仪检测按批量进行检测时，应随机抽取构件，抽检数量不宜少于同批构件总数的（　　）%且不宜少于10件。

A. 20　　B. 30　　C. 50　　D. 80

2. 回弹仪测区的面积不宜大于（　　）m^2。

A. 0.04　　B. 0.05　　C. 0.1　　D. 0.2

3. 相邻两测区的间距不应大于（　　）m，测区离构件端部或施工缝边缘的距离不宜大于0.5m，且不宜小于0.2m。

A. 2　　B. 3　　C. 4　　D. 1

4. 单个构件的检测，对于一般构件，测区数不宜少于（　　）个。

A. 10　　B. 8　　C. 15　　D. 20

二、多选题

1. 回弹仪有下列情况之一时应送法定部门检定，检定合格的回弹仪应具有检定证书（　　）。

A. 新回弹仪启用前

B. 超过检定有效期限（有效期为半年）

C. 累计弹击次数超过6000次

D. 率定回弹仪的钢砧应每两年送授权计量检定机构检定或校准

E. 经常规保养后钢砧率定值不合格

2. 回弹仪的保养回弹仪有下列情况之一时应进行常规保养（　　）。

A. 弹击超过2000次　　B. 对检测值有怀疑时

C. 钢砧率定值不合格　　D. 零件连接不紧

3. 回弹仪优点有（　　）。

A. 轻便　　B. 灵活　　C. 不需电源

D. 易掌握　　E. 廉价

4. 检验混凝土强度为目的常用无损检验方法有（　　）。

A. 回弹法　　B. 超声波法

C. 回弹—超声综合法　　D. 钻芯取样法

项目 5

水利工程质量事故

【思维导图】

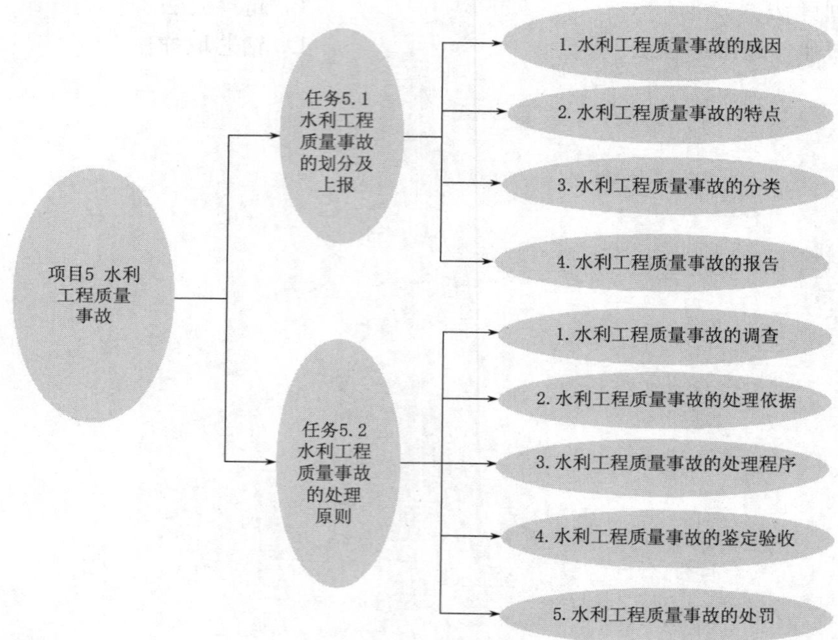

【项目简述】

在水利水电工程建设过程中，由于建设管理、监理、勘测、设计、咨询、施工、材料、设备等原因造成工程质量不符合国家和行业相关标准以及合同约定的质量标准，影响工程使用寿命和对工程安全运行造成隐患和危害的事件称为质量事故。为加强水利工程质量管理，规范水利工程质量事故处理行为，发生质量事故，必须坚持“事故原因不查清楚不放过、主要事故责任者和职工未受到教育不放过、补救和防范措施不落实不放过”的原则，认真调查事故原因，研究处理措施，查明事故责任，做好事故处理工作。

【项目载体】

1. 质量事故案例

某工程，建设单位与监理单位、施工单位分别签订了监理合同和施工合同。该工程为钢筋混凝土结构，设计要求混凝土抗压强度为C20。拆模后发现钢筋混凝土存在严重的蜂窝、麻面、孔洞和漏筋现象。

经过抽样检测，抽检的结果发现强度达不到设计强度。经过研究必须全部返工，由此将造成直接经济损失4000万元。

2. 质量事故“四不放过”原则

发生质量事故，必须坚持“事故原因不查清楚不放过、主要事故责任者和职工未受到教育不放过、补救和防范措施不落实不放过”的原则，认真调查事故原因，研究处理措施，查明事故责任，并根据《水利工程质量事故处理暂行规定》（水利部令第9号）做好事故处理工作。

3. 水利工程质量事故分级管理制度

水利部负责全国水利工程质量事故处理管理工作，并负责部属重点工程质量事故处理工作。

各流域机构负责本流域水利工程质量事故处理管理工作，并负责本流域中央投资为主的、省（自治区、直辖市）界及国际边界河流上的水利工程质量事故处理工作。

各省、自治区、直辖市水利（水电）厅（局）负责本辖区水利工程质量事故处理管理工作和所属水利工程质量事故处理工作。

【项目实施方法及目标】

1. 项目实施方法

本项目分为四个阶段：

第一阶段，熟悉资料，了解项目的任务要求。

第二阶段，任务驱动，学习相关知识，完成知识目标。在此过程中，需要探寻查阅有关资料、规范，完成项目任务实施之前的必要知识储备。

第三阶段，项目具体实施阶段，完成相应教学目标。在这个阶段，可能会遇到许多与之任务相关的问题，因此在本阶段要着重培养学生发现问题、分析问题、解决问题的能力。通过该项目的学习和实训，能够提高学生的专业知识、专业技能，同时提高学生的整体专业知识的连贯性。

第四阶段，专业实践，填写水利工程质量事故报告。在这个过程中，培养学生进行水利工程质量事故处理的能力。

2. 项目教学目标

水利工程质量事故项目的教学目标包括知识目标、技能目标和素质目标三个方面。技能目标是核心目标，知识目标是基础目标，素质目标贯穿整个教学过程，是学习掌握项目的重要保证。

（1）知识目标。

1）掌握水利工程质量事故的分类。

2）掌握水利工程质量事故的调查、处理原则。

3）掌握水利工程质量事故处理流程与处罚。

（2）技能目标。

1）能够进行水利工程质量事故等级的划分、判别。

2）能够写出事故处理的程序。

3）会进行事故处理。

（3）素质目标。

1）某些施工单位不按照规范和标准进行施工，存在事故隐患——规范意识、工匠精神。

2）任何单位和成年人都有义务保障工程安全，保质保量施工，发现事故隐患及时上报——人文精神。

3）必须要按照标准规范设计，而这些标准规范就是“国家的法律法规”——遵纪守法、树立规矩意识。

（4）现行规范。

1）《水利工程质量事故处理暂行规定》（水利部令第9号）。

2）《水利水电工程施工质量检验与评定规程》（SL 176—2007）。

3）《水利水电建设工程验收规程》（SL 223—2008）。

（5）事故报告。

1）事故报告或者实训报告。

2）事故报告的填写。学生应根据事故报告书写的要求按照规范完成书写任务，详细写明事故发生后处理的步骤、处理方法以及完成最终的事故处理报告。

5.1 水利工程质量事故的划分及上报

任务5.1 水利工程质量事故的划分及上报

5.1.1 水利工程质量事故的成因

在水利水电工程建设过程中，由于建设管理、监理、勘测、设计、咨询、施工、材料、设备等原因造成工程质量不符合国家和行业相关标准以及合同约定的质量标准，影响工程使用寿命和对工程安全运行造成隐患和危害的事件称为水利工程质量事故。

水利工程质量事故，对于工程施工进度和工程运行质量都有较为严重的影响，因此，必须加强工程质量事故的预防和处理工作。

工程质量事故的成因主要有：①违背建设程序；②违反法规行为；③地质勘察失真；④设计失真；⑤施工与管理不到位；⑥使用不合格的原材料、制品及设备；⑦自然环境因素；⑧使用不当。其成因的分析方法有调查、取证、分析、判断、论证、确认等六个步骤。

针对水利工程质量事故的发生原因进行简单的分析如下。

（1）施工设计问题。

水利工程施工设计是保证工程整体质量的关键，如果在水利工程施工设计环节出现问题，将会影响到工程建设中的其他环节，从而导致较为严重的工程事故。水利工程施工设计问题主要是由于设计者在工程设计过程中，没有充分考虑影响工程质量的相关因素，如气候因素、地质因素等，致使工程建设时没有做好相应的防范措施，从而导致了非常严重的工程事故，造成非常严重的后果。

(2) 施工材料问题。

施工材料问题，是工程施工建设过程中影响最大的问题之一，施工材料质量无法得到保障，工程施工质量就会受到影响，从而影响到工程整体质量和运行效果。例如，钢材采购时没有进行严格管理，导致劣质钢材参与工程施工环节，强度和焊接性不足的钢材将严重影响工程整体结构质量，造成承重能力和抗冲击能力的下降，进而造成严重工程事故；混凝土混合比例不达标，黏合程度不够，在工程施工过程中，将会导致整体结构不稳定，在外界因素影响下会使整体结构受损，出现不可修复的质量事故。

(3) 施工程序的不规范。

对于水利工程施工来说，必须要按照严格的施工程序进行，不能因为追求经济利益，盲目提高工程进度而省略相关施工环节，这样就极容易造成较为严重的质量事故，给水利工程埋下重大安全隐患。

一般来说，水利工程施工需要经历施工方案可行性研究、水利施工区域环境调查、水利工程施工、水利工程验收等环节，水利工程施工企业必须要按照严格的顺序来执行相应工作，才能确保水利工程整体质量。然而，由于部门施工企业过于贪图经济效益，往往会对环境调查等环节进行压缩或省略，或是顺序出现问题，这样就会造成工程建设的盲目性，使工程施工风险大大提高，最终导致严重的质量事故。

(4) 工程施工质量管理问题。

水利工程施工过程中，必须要做严格落实质量管理工作，避免工程施工问题，减少水利工程质量隐患。但是由于我国水利工程质量管理制度的不完善，以及相关工作人员工作态度等因素影响，导致了工程施工质量管理环节出现较大问题，没有及时发现工程施工过程中的技术问题，从而给水利工程整体质量造成了较为严重的影响。

(5) 工程施工人员的整体素质。

目前，我国工程施工人员多由文化素质较低的农民工组成，文化水平有限，相关工作能力也有所欠缺，这样也是影响工程质量，造成工程质量事故的主要原因。同时，我国目前工程施工技术人员也存在较大问题，人员数量不足，人员技术能力差距较大，人员分配不合理等问题，也容易给工程施工带来较大影响，而且许多施工企业并不严格进行工程施工岗前培训，违章操作，无证上岗现象严重，因而酿成工程质量事故。

5.1.2 水利工程质量事故的特点

水利工程质量事故的特点有复杂性、严重性、可变性、多发性。

5.1.3 水利工程质量事故的分类

工程质量事故按直接经济损失的大小，检查、处理事故对工期的影响时间长短和对工程正确使用的影响，分为一般质量事故、较大质量事故、重大质量事故、特大质量事故。

(1) 一般质量事故指对工程造成一定经济损失，经处理后不影响正常使用并不影响使用寿命的事故。

(2) 较大质量事故是指对工程造成较大经济损失或延误较短工期，经处理后不影响正常使用但对工程寿命有一定影响的事故。

(3) 重大质量事故是指对工程造成重大经济损失或较长时间延误工期，经处理后不影响正常使用但对工程寿命有较大影响的事故。

(4) 特大质量事故是指对工程造成特大经济损失或长时间延误工期，经处理后仍对正常使用和工程寿命造成较大影响的事项。

水利工程质量事故分类标准按照《水利工程质量事故处理暂行规定》(水利部令第9号) 进行，见表5.1。

表5.1 水利工程质量事故分类标准

损失情况		事故类别			
		特大质量事故	重大质量事故	较大质量事故	一般质量事故
事故处理所需的物质、器材和设备、人工等直接损失费用/万元人民币	大体积混凝土，金结制作和机电安装工程	＞3000	＞500，≤3000	＞100，≤500	＞20，≤100
	土石方工程、混凝土薄壁工程	＞1000	＞100，≤1000	＞30，≤100	＞10，≤30
事故处理所需合理工期/月		＞6	＞3，≤6	＞1，≤3	≤1
事故处理后对工程功能和寿命影响		影响工程正常使用，需限制条件运行	不影响正常使用，但对工程寿命有较大影响	不影响正常使用，但对工程寿命有一定影响	不影响正常使用和工程寿命

注 1. 直接经济损失费用为必需条件，其余两项主要适用于大中型工程。
2. 小于一般质量事故的质量问题称为质量缺陷。

5.1.4 水利工程质量事故的报告

发生质量事故后，项目法人必须将事故的简要情况向项目主管部门报告。项目主管部门接事故报告后，按照管理权限向上级水行政主管部门报告。

一般质量事故向项目主管部门报告。

较大质量事故逐级向省级水行政主管部门或流域机构报告。

重大质量事故逐级向省级水行政主管部门或流域机构报告并抄报水利部。

特大质量事故逐级向水利部和有关部门报告。

事故发生后，事故单位要严格保护现场，采取有效措施抢救人员和财产，防止事故扩大。因抢救人员、疏导交通等原因需移动现场物件时，应当作出标志、绘制现场简图并作出书面记录，妥善保管现场重要痕迹、物证，并进行拍照或录像。

发生(发现) 较大、重大和特大质量事故，事故单位要在48h内向有关单位写出书面报告；突发性事故，事故单位要在4h内电话向上述单位报告。

事故报告应当包括以下内容：

(1) 工程名称、建设规模、建设地点、工期，项目法人、主管部门及负责人电话。

（2）事故发生的时间、地点、工程部位以及相应的参建单位名称。

（3）事故发生的简要经过、伤亡人数和直接经济损失的初步估计。

（4）事故发生原因初步分析。

（5）事故发生后采用的措施及事故控制情况。

（6）事故报告单位、负责人及联系方式。

有关单位接到事故报告后，必须采取有效措施，防止事故扩大，并立即按照管理权限向上级部门报告或组织事故调查。

5.2 水利工程质量事故的处理原则

任务 5.2 水利工程质量事故的处理原则

当水利工程质量事故发生后，必须采取有效的处理措施，降低事故影响，减少相关经济损失。工程质量问题的处理方式有：①及时制止；②及时补救；③及时处理。

工程事故处理流程如图 5.1 所示。

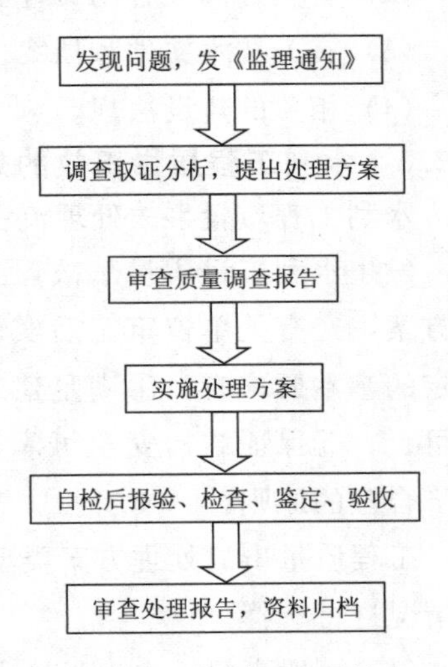

图 5.1 水利工程质量事故处理流程

5.2.1 水利工程质量事故的调查

在发现工程质量事故后，要按照一定的顺序进行工程质量事故的解决。首先要进行工程停工处理，减少质量事故的影响范围，接下来由相关人员按照规定管理权限组织调查组进行调查，查明事故原因，提出处理意见，提交事故调查报告。

事故调查组成员由主管部门根据需要确定并实行回避制度。

一般事故由项目法人组织设计、施工、监理等单位进行调查，调查结果报项目主管部门核备。

较大质量事故由项目主管部门组织调查组进行调查，调查结果报上级主管部门批准并报省级水行政主管部门核备。

重大质量事故由省级以上水行政主管部门组织调查组进行调查，调查结果报水利部核备。

特大质量事故由水利部组织调查。

事故调查组的主要任务：

（1）查明事故发生的原因、过程、财产损失情况和对后续工程的影响。

（2）组织专家进行技术鉴定。

（3）查明事故的责任单位和主要责任者应负的责任。

（4）提出工程处理和采取措施的建议。

（5）提出对责任单位和责任者的处理建议。

(6) 提交事故调查报告。

调查组有权向事故单位、各有关单位和个人了解事故的有关情况。有关单位和个人必须实事求是地提供有关文件或材料，不得以任何方式阻碍或干扰调查组正常工作。

事故调查组提交的调查报告经主持单位同意后，调查工作即告结束。

事故调查费用暂由项目法人垫付，待查清责任后，由责任方负担。

5.2.2 水利工程质量事故的处理依据

水利工程质量事故处理的依据有：

(1) 质量事故的实况资料：事故调查报告、监理一手资料。

(2) 有关合同及合同文件。

(3) 有关技术文件和档案。

(4) 相关的建设法规。

5.2.3 水利工程质量事故的处理程序

水利工程质量事故处理流程如图5.2所示。

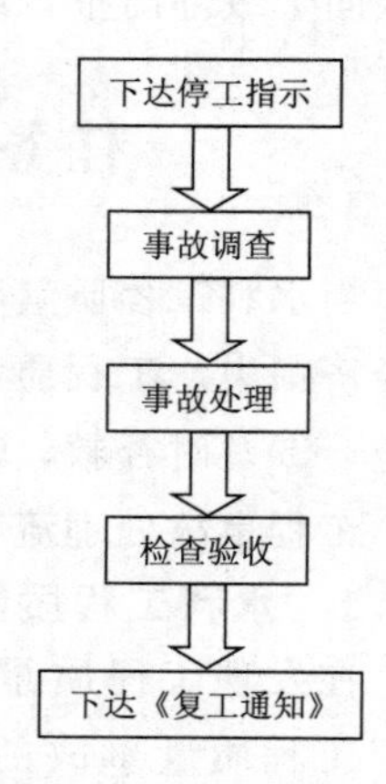

图5.2 水利工程质量事故处理流程

发生水利工程质量事故，必须针对事故原因提出工程处理方案，经有关单位审定后实施。工程质量事故处理方案的确定的基本要求有：①满足建筑物的功能和使用要求；②技术可行；③保证结构安全可靠，不留任何质量隐患；④符合经济合理的原则。

工程质量事故处理方案类型有：①修补处理；②返工处理；③不做处理。根据实际情况进行选择。

(1) 一般事故，由项目法人负责组织有关单位制定处理方案并实施，报上级主管部门备案。

(2) 较大质量事故，由项目法人负责组织有关单位制定处理方案，经上级主管部门审定后实施，报省级水行政主管部门或流域机构备案。

(3) 重大质量事故，由项目法人负责组织有关单位提出处理方案，征得事故调查组意见后，报省级水行政主管部门或流域机构审定后实施。

(4) 特大质量事故，由项目法人负责组织有关单位提出处理方案，征得事故调查组意见后，报省级水行政主管部门或流域机构审定后实施，并报水利部备案。

事故处理需要进行设计变更的，需原设计单位或有资质的单位提出设计变更方案。需要进行重大设计变更的，必须经原设计审批部门审定后实施。

事故部位处理完成后，必须按照管理权限经过质量评定与验收后，方可投入使用或进入下一阶段施工。

5.2.4 水利工程质量事故的鉴定验收

(1) 水利工程质量事故处理的鉴定验收包括：

1）检查验收：自检合格保研基础上，结合旁站、巡视、平行检查，通过实际量测，检查各种资料数据验收，组织会签文件。

2）必要的鉴定：涉及结构和重要性能处理可做试验和检验鉴定。

（2）验收结论包括：

1）事故已排除，可以继续施工。

2）隐患已清除，结构安全有保证。

3）经修补处理后，完全能够满足使用要求。

4）基本上满足使用要求，但使用时应有附加限制条件

5）对耐久性的结论。

6）对建筑物外观影响的结论。

7）对短期内难以作出结论的，可提出进一步观测检验意见。

5.2.5 水利工程质量事故的处罚

对工程事故责任人和单位需进行行政处罚的，由县以上水行政主管部门或经授权的流域机构按照《水利工程质量事故处理暂行规定》（水利部令第9号）第五条规定的权限和《水行政处罚实施办法》进行处罚。

特大质量事故和降低或吊销有关设计、施工、监理、咨询等单位资质的处罚，由水利部或水利部会同有关部门进行处罚。

由于项目法人责任酿成质量事故，令其立即整改；造成较大以上质量事故的，进行通报批评、调整项目法人；对有关责任人处以行政处分；构成犯罪的，移送司法机关依法处理。

由于监理单位责任造成质量事故，令其立即整改并可处以罚款；造成较大以上质量事故的，处以罚款、通报批评、停业整顿、降低资质等级、直至吊销水利工程监理资质证书；对主要责任人处以行政处分、取消监理从业资格、收缴监理工程师资格证书、监理岗位证书；构成犯罪的，移送司法机关依法处理。

由于咨询、勘测、设计单位责任造成质量事故，令其立即整改并可处以罚款；造成较大以上质量事故的，处以通报批评、停业整顿、降低资质等级、吊销水利工程勘测、设计资格；对主要责任人处以行政处分、取消水利工程勘测、设计执业资格；构成犯罪的，移送司法机关依法处理。

由于施工单位责任造成质量事故，令其立即自筹资金进行事故处理，并处以罚款；造成较大以上质量事故的，处以通报批评、停业整顿、降低资质等级、直至吊销资质证书；对主要责任人处以行政处分、取消水利工程施工执业资格；构成犯罪的，移送司法机关依法处理。

由于设备、原材料等供应单位责任造成质量事故，对其进行通报批评、罚款；构成犯罪的，移送司法机关依法处理。

对监督不到位或只收费不监督的质量监督单位处以通报批评、限期整顿、重新组建质量监督机构；对有关责任人处以行政处分、取消质量监督资格；构成犯罪的，移送司法机关依法处理。

对隐情不报或阻碍调查组进行调查工作的单位或个人，由主管部门视情节给予行

政处分；构成犯罪的，移送司法机关依法处理。

对不按本规定进行事故的报告、调查和处理而造成事故进一步扩大或贻误处理时机的单位和个人，由上级水行政主管部门给予通报批评，情节严重的，追究其责任人的责任；构成犯罪的，移送司法机关依法处理。

因设备质量引发的质量事故，按照《中华人民共和国产品质量法》的规定进行处理。

【项目小结】

水利工程质量事故对于水利工程建设有着非常重大的影响，因此，在水利工程施工建设过程中，必须采取积极有效的措施来尽量减少水利工程事故的发生，降低企业损失，保证工程施工有效开展。当工程质量事故发生后，施工企业要及时做好调查和处理工作，控制事故的进一步恶化，减少事故对工程进度的影响，对于施工企业来说是非常必要的，对我国水利工程事业的发展来说也具有非常重要的意义。

5.3 项目5 习题答案

【项目5 习题】

一、单选题

1. 某水利工程发生事故，造成10人死亡，3人重伤，直接经济损失3000万元，该事故为（ ）。

A. 特别重大质量与安全事故　　B. 特大质量与安全事故
C. 重大质量与安全事故　　D. 较大质量与安全事故

2. 某水利工程发生事故造成3人死亡，5人重伤，直接经济损失1000万元，该事故为（ ）。

A. 特别重大质量与安全事故　　B. 特大质量与安全事故
C. 重大质量与安全事故　　D. 较大质量与安全事故

3. 某水利工程土石方工程发生质量事故，直接经济损失30万元，事故处理后对工程工期和正常使用无影响，该事故为（ ）。

A. 一般质量事故　　B. 较大质量事故
C. 重大质量事故　　D. 特大质量事故

4. 某水利工程土石方工程发生质量事故，造成直接经济损失500万元，其质量事故等级为（ ）。

A. 一般质量事故　　B. 较大质量事故
C. 重大质量事故　　D. 特大质量事故

5. 某工程发生质量事故，预估直接经济损失3000万元，工程处理时间大概需要3.5个月，此次质量事故等级为（ ）。

A. 一般质量事故　　B. 较大质量事故
C. 重大质量事故　　D. 特大质量事故

二、多选题

1. 水利工程质量与安全事故，根据事故造成损失程度分级（ ）。

A. 特别重大质量与安全事故　　B. 特大质量与安全事故
C. 重大质量与安全事故　　D. 较大质量与安全事故

2. 水利工程质量事故处理原则（　　）。

A. 事故原因不查清楚不放过
B. 责任人员未处理不放过
C. 整改措施未落实不放过
D. 有关人员未受到教育不放过

3. 水利工程质量事故按直接经济损失的大小，检查、处理事故对工期的影响时间长短和对工程正常使用的影响，分为（　　）。

A. 一般质量事故
B. 较大质量事故
C. 重大质量事故
D. 特大质量事故

4. 水利水电工程质量事故等级划分的依据（　　）分类。

A. 直接经济损失的大小
B. 故处理所需合理工期（月）
C. 事故后对工程功能和寿命影响
D. 总造价

项目 6

水利工程验收管理规定

【思维导图】

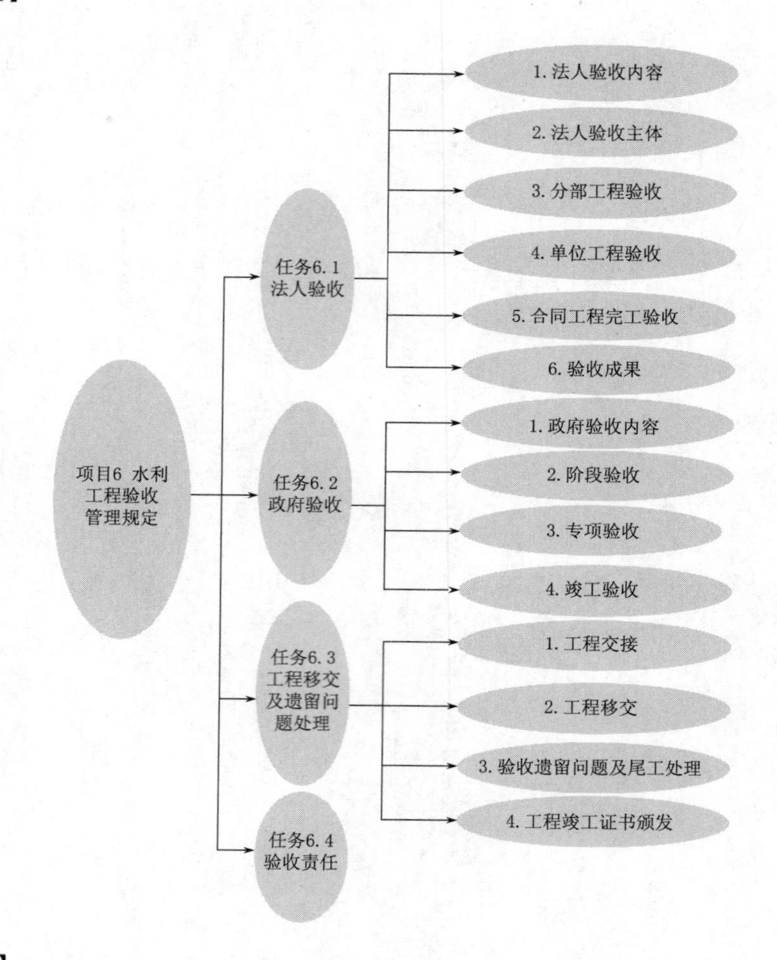

【项目简述】

本项目主要介绍水利工程建设项目验收。按主持单位不同，将验收划分为法人验收和政府验收两类。法人验收是指在项目建设过程中由项目法人组织进行的验收。法人验收是政府验收的基础，包括分部工程验收、单位工程验收、水电站（泵站）中间机组启动验收、合同工程完工验收等。政府验收是指由有关人民政府、水行政主管部门或者其他有关部门组织进行的验收，包括阶段验收、专项验收、竣工验收。在规范了行政行为的同时，进一步明确了各类验收的主持单位，使其更具可操作性。

【项目载体】

1. 水利工程建设项目验收案例

某水利枢纽工程包括节制闸和船闸工程，工程所在地区每年5—9月为汛期。项目于2014年9月开工，计划2017年1月底完工，分为节制闸和船闸两个单位工程。根据设计要求，节制闸闸墩、船闸侧墙和底板采用C25、F100、W4混凝土。

本枢纽工程施工过程中发生如下事件：

项目如期完工，计划于2017年汛前进行竣工验收。施工单位在竣工图编制中，对由预制改成现浇的交通桥工程，直接在原施工图上注明变更的依据，加盖并签署竣工图章后作为竣工图。

2. 验收主体

法人验收由项目法人主持，政府验收由有关行政主管部门或有关地方人民政府主持。验收主持单位负责组织验收委员会（或验收工作组）负责验收工作。竣工验收的主持单位应在工程开工报告的批准文件中明确。

3. 验收时间

水利建设工程具备验收条件时，应当及时组织验收。

4. 验收依据

自20世纪80年代初开始，我国水利工程建设项目的验收工作逐步形成了一套较完整的技术标准体系，1999年颁布的《水利水电建设工程验收规程》（SL 223—1999）是这一体系的一个代表性文件，在使验收工作规范化方面发挥了重要作用。但随着我国社会主义市场经济的不断发展，原体系在行政行为的规范化、验收主体清晰化、验收工作深度、验收职责的明确等方面已显得需要加强和完善。从2004年起，经过几年的细致工作，于2006年12月18日颁布了《水利工程建设项目验收管理规定》（水利部令第30号）（简称《验收规定》），形成了新验收体系的龙头文件；于2007年7月14日发布了《水利水电工程施工质量检验与评定规程》（SL 176—2007）（简称《评定规程》）；于2008年3月3日发布了《水利水电建设工程验收规程》（SL 223—2008）（简称《验收规程》），逐步形成了较完整的水利工程建设项目验收工作的新体系。

5. 水利水电工程验收的基本要求

（1）政府验收应由验收主持单位组织成立的验收委员会负责；法人验收应由项目法人组织成立的验收工作组负责。

（2）工程验收结论应经四位以上验收委员会（工作组）成员同意。

（3）工程验收应在施工质量检验与评定的基础上，对工程质量提出明确结论意见。

(4) 验收资料制备由项目法人统一组织，工程验收的图纸、资料和成果性文件应按竣工验收资料要求制备。除图纸外，验收资料的规格宜为国际标准A4。文件正本应加盖单位印章且不应采用复印件。

(5) 水利水电工程验收监督管理的基本要求。

水利部负责全国水利建设工程的验收管理工作，各级水行政主管部门依照职责分工，对其管辖权限内的水利建设工程的验收活动实施监督管理。

建设项目的水行政主管部门负责该项目法人验收的监督管理。项目法人应及时制定验收工作方案和计划报项目的水行政主管部门核备。

工程验收监督管理的方式应包括现场检查、参加验收活动、对验收工作计划与验收成果性文件进行备案等。

(6) 工程验收监督管理应包括以下主要内容：

1) 验收工作是否及时。

2) 验收条件是否具备。

3) 验收人员组成是否符合规定。

4) 验收程序是否规范。

5) 验收资料是否齐全。

6) 验收结论是否明确。

(7) 当发现工程验收不符合有关规定时，验收监督管理机关应及时要求验收主持单位予以纠正，必要时可要求暂停验收或重新验收并同时报告竣工验收主持单位。

(8) 项目法人应在开工报告批准后60个工作日内，制定法人验收工作计划，报法人验收监督管理机关和竣工验收主持单位备案。

6. 不合格处理

验收委员会（或验收工作组）对工程验收不予通过时，应明确不予验收通过的理由并提出整改意见。项目法人应抓紧组织处理有关问题，整改结束后，按照有关程序重新组织验收。

【项目实施方法及目标】

1. 项目实施方法

本项目分为四个阶段：

第一阶段，熟悉资料，了解项目的任务要求。

第二阶段，任务驱动，学习相关知识，完成知识目标。在此过程中，需要探寻查阅有关资料、规范，完成项目任务实施之前的必要知识储备。

第三阶段，项目具体实施阶段，完成相应教学目标。在这个阶段，可能会遇到许多与之任务相关的问题，因此在本阶段要着重培养学生发现问题、分析问题、解决问题的能力。通过对该项目的学习和实训，能够提高学生的专业知识、专业技能，同时提高学生的整体专业知识的连贯性。

第四阶段，专业实践，填写水利工程验收报告。在这个过程中，让学生具备水利工程验收工作的能力。

2. 项目教学目标

水利工程验收管理规定项目的教学目标包括知识目标、技能目标和素质目标三个方面。技能目标是核心目标，知识目标是基础目标，素质目标贯穿整个教学过程，是学习掌握项目的重要保证。

(1) 知识目标。

1) 掌握水利工程验收的分类。

2) 掌握水利工程验收的要求、程序及技术要求。

3) 熟悉水利工程验收报告的编写。

(2) 技能目标。

1) 会进行水利工程验收的分类。

2) 能说出法人验收和政府验收的区别，包含的内容。

3) 能说出水利工程验收的准备工作、相关工作的要点。

4) 能进行水利工程验收报告的编写。

(3) 素质目标。

1) 某些施工单位不按照规范和标准进行工程验收，存在事故隐患——规范意识、工匠精神。

2) 任何单位都有义务保障工验收程序的规范性——人文精神。

3) 验收程序的准备及全流程规范化完整化——注意细节。

4) 必须要按照规范、程序及相关技术要求进行验收，而这些标准规范就是“国家的法律法规”——遵纪守法、树立规矩意识。

(4) 现行规范。

1)《水利工程建设项目验收管理规定》(水利部令第30号)。

2)《水利水电工程施工质量检验与评定规程》(SL 176—2007)。

3)《水利水电建设工程验收规程》(SL 223—2008)。

(5) 验收鉴定书。

水利工程验收鉴定书的填写。学生应根据验收报告书写的要求按照规范完成书写任务，详细写明水利工程具备验收条件时，如何组织进行验收工作，验收内容、验收要求以及验收流程如何进行并完成最终的验收鉴定书。

6.1 法人验收

任务6.1 法 人 验 收

6.1.1 法人验收内容

当工程建设进行到一定阶段，应进行法人验收。法人验收是由项目法人组织进行的验收，是政府验收的基础，除包括分部工程验收、单位工程验收、部分工程投入使用验收外，项目法人可根据工程建设的需要增加验收的类别和具体要求。

6.1.2 法人验收主体

法人验收主持单位为上级明文组建(指定)的项目法人。

项目法人可以委托监理单位主持分部工程验收，有关委托合同(委托书)中应当明确相关验收职责。

法人验收由验收主持单位、设计、监理、施工等单位的代表组成的验收工作组负责；必要时可邀请工程运行管理单位及参建单位以外的专家参加验收工作；项目质量监督机构应参与单位工程验收、部分工程投入使用验收工作。

6.1.3 分部工程验收

(1) 验收申请：施工单位应向项目法人提交验收申请报告。项目法人应在收到验收申请报告10个工作日内决定是否同意进行验收。

(2) 验收主体：分部工程验收应由项目法人（或委托监理单位）主持。验收工作组应由项目法人、勘测、设计、监理、施工、主要设备制造（供应）商等单位的代表组成。运行管理单位可根据具体情况决定是否参加。

质量监督机构宜派代表列席大型枢纽工程主要建筑物的分部工程验收会议。

(3) 分部工程验收应具备以下条件：

1) 所有单元工程已完成。

2) 已完单元工程施工质量经评定全部合格，有关质量缺陷已处理完毕或有监理机构批准的处理意见。

3) 合同约定的其他条件。

(4) 分部工程验收方式：由项目法人（或由其委托监理单位）主持现场检查并召开参建各方验收会议（运行管理单位可自行决定是否参加）。

(5) 分部工程验收应包括以下主要内容：

1) 检查工程是否达到设计标准或合同约定标准。

2) 评定工程施工质量等级。

3) 对验收中发现的问题提出处理意见。

(6) 分部工程验收应按以下程序进行：

1) 听取施工单位工程建设和单元工程质量评定情况的汇报。

2) 现场检查工程完成情况和工程质量。

3) 检查单位工程质量评定及相关档案资料。

4) 讨论并通过分部工程验收鉴定书。

项目法人应在分部工程验收通过之日后10个工作日内，将验收质量结论和相关资料报质量监督机构核备。大型枢纽工程主要建筑物分部工程的验收质量结论应报质量监督机构核定。

6.1.4 单位工程验收

(1) 验收申请：单位工程完工并具备验收条件时，施工单位应向项目法人提出验收申请报告。项目法人应在收到验收申请报告之日起10个工作日内决定是否同意进行验收。

(2) 验收主体：单位工程验收应由项目法人主持。验收工作组由项目法人、勘测、设计、监理、施工、主要设备制造（供应）商、运行管理等单位的代表组成。必要时，可邀请上述单位以外的专家参加。

单位工程验收工作组成员应具有中级及其以上技术职称或相应执业资格，每个单位代表人数不宜超过3名。

(3) 进行单位工程验收条件：

1) 所有分部工程已完建并验收合格。

2) 分部工程验收遗留问题已处理完毕并通过验收，未处理的遗留问题不影响单位工程质量评定并有处理意见。

3) 合同约定的其他条件。

(4) 单位工程验收方式：由项目法人主持现场检查并召开参建各方和运行管理单位参加的验收会议（必要时可邀请外单位专家）。当建管分离时，由竣工验收主持单位主持单位工程投入使用验收。

(5) 单位工程验收应包括以下主要内容：

1) 检查工程是否按批准的设计内容完成。

2) 评定工程施工质量等级。

3) 检查分部工程验收遗留问题处理情况及相关记录。

4) 对验收中发现的问题提出处理意见。

(6) 单位工程验收应按以下程序进行：

1) 听取工程参建单位工程建设有关情况的汇报。

2) 现场检查工程完成情况和工程质量。

3) 检查分部工程验收有关文件及相关档案资料。

4) 讨论并通过单位工程验收鉴定书。

(7) 对单位工程投入使用验收还应满足以下两条：

1) 工程投入使用后，不影响其他工程正常施工，且其他工程施工不影响该单位工程安全运行。

2) 已经初步具备运行管理条件，需移交运行管理单位的，项目法人与运行管理单位已签订提前使用协议书。

6.1.5 合同工程完工验收

(1) 验收申请：合同工程具备验收条件时，施工单位应向项目法人提出验收申请报告。项目法人应在收到验收申请报告之日起20个工作日内决定是否同意进行验收。

(2) 验收主体：合同工程完工验收应由项目法人主持。验收工作组应由项目法人以及与合同工程有关的勘测、设计、监理、施工、主要设备制造（供应）商等单位的代表组成。

(3) 合同工程完工验收应具备以下条件：

1) 合同范围内的工程项目和工作已按合同约定完成。

2) 工程已按规定进行了有关验收。

3) 观测仪器和设备已测得初始值及施工期各项观测值。

4) 工程质量缺陷已按要求进行处理。

5) 工程完工结算已完成。

6) 施工现场已经进行清理。

7）需移交项目法人的档案资料已按要求整理完毕。

8）合同约定的其他条件。

（4）合同工程验收方式：由项目法人主持现场检查并召开合同有关各方参加的验收会议。

（5）合同工程完工验收应包括以下主要内容：

1）检查合同范围内工程项目和工作完成情况。

2）检查施工场地清理情况。

3）检查已投入使用工程运行情况。

4）检查验收资料整理情况。

5）鉴定工程施工质量。

6）检查工程完工结算情况。

7）检查历次验收遗留问题的处理情况。

8）对验收中发现的问题提出处理意见。

9）确定合同工程完工日期。

10）讨论并通过合同工程完工验收鉴定书。

6.1.6 验收成果

法人验收的成果文件分别是分部工程验收签证、单位工程验收鉴定书以及部分工程投入使用验收鉴定书等。

分部工程验收的质量结论应报项目质量监督机构核备；单位工程验收、部分工程投入使用验收的质量结论应报项目质量监督机构核定。

验收签证或验收鉴定书作为竣工验收的备查资料，由项目法人负责发送有关单位。项目法人应当自验收通过之日起30日内将验收成果文件报送监督管理单位。

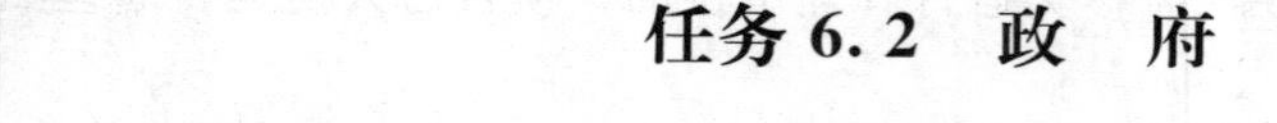

6.2 政府验收

任务6.2 政 府 验 收

6.2.1 政府验收内容

一般来说，涉及公众利益和人民生命财产安全的工程验收环节必须进行政府验收，主要包括阶段验收［导（截）流、水库下闸蓄水、引（调）排水、电站（泵站）机组启动、部分工程投入使用等］、专项验收（征地移民、档案、水保、环保、决算审核及审计、消防、劳动安全等）及竣工验收。

6.2.2 阶段验收

1. 阶段验收的范围

根据工程建设需要，当工程建设进入一定关键阶段时应进行阶段验收。

阶段验收包括枢纽工程导（截）流、水库工程蓄水、引（调）排水工程通水验收、电站（泵站）机组启动、部分工程投入使用等。验收主持单位可以根据工程建设的实际需要，适当增加阶段验收。

2. 阶段验收的主体

阶段验收由竣工验收主持单位或其委托的单位主持。

阶段验收委员会由验收主持单位、质量和安全监督机构、运行管理单位的代表以及有关专家组成；必要时，可邀请地方人民政府以及有关部门参加。

工程参建单位应派代表参加阶段验收，并作为被验收单位在验收鉴定书上签字。

3. 阶段验收的主要内容

（1）检查已完工程的形象面貌和工程质量。

（2）检查在建工程的建设情况。

（3）检查未完工程的计划安排和主要技术措施落实情况，以及是否具备施工条件。

（4）检查拟投入使用工程是否具备运行条件。

（5）检查历次验收遗留问题的处理情况。

（6）鉴定已完工程施工质量。

（7）对验收中发现的问题提出处理意见。

（8）讨论并通过阶段验收鉴定书。

大型工程在阶段验收前，验收主持单位根据工程建设需要，可成立专家组先进行技术预验收。

4. 枢纽工程导（截）流验收

枢纽工程导（截）流前，应进行导（截）流验收。

（1）导（截）流验收应具备以下条件：

1）导流工程已基本完成，具备过流条件，投入使用（包括采取措施后）不影响其他未完工程继续施工。

2）满足截流要求的水下隐蔽工程已完成。

3）截流设计已获批准，截流方案已编制完成，并做好各项准备工作。

4）工程度汛方案已经有管辖权的防汛指挥部门批准，相关措施已落实。

5）截流后壅高水位以下的移民搬迁安置和库底清理已完成并通过验收。

6）有航运功能的河道，碍航问题已得到解决。

（2）导（截）流验收应包括以下主要内容：

1）检查已完水下工程、隐蔽工程、导（截）流工程是否满足导（截）流要求。

2）检查建设征地、移民搬迁安置和库底清理完成情况。

3）审查截流方案，检查导（截）流措施和准备工作落实情况。

4）检查为解决碍航等问题而采取的工程措施落实情况。

5）鉴定与截流有关已完工程施工质量。

6）对验收中发现的问题提出处理意见。

7）讨论并通过阶段验收鉴定书。

工程分期导（截）流时，应分期进行导（截）流验收。

5. 水库下闸蓄水验收

工程分期蓄水时，宜分期进行下闸蓄水验收。

（1）下闸蓄水验收应具备以下条件：

1）挡水建筑物的形象面貌满足蓄水位的要求。

2）蓄水淹没范围内的移民搬迁安置和库底清理已完成并通过验收。

3）蓄水后需要投入使用的泄水建筑物已基本完成，具备过流条件。

4）有关观测仪器、设备已按设计要求安装和调试，并已测得初始值和施工期观测值。

5）蓄水后未完工的建设计划和施工措施已落实。

6）蓄水安全鉴定报告已提交。

7）蓄水后可能影响工程安全运行的问题已处理，有关重大技术问题已结论。

8）蓄水计划、导流洞封堵方案等已编制完成，并做好各项准备工作。

9）年度度汛方案（包括调度运用方案）已经有管辖权的防汛指挥部门批准，相关措施已落实。

（2）下闸蓄水验收应包括以下主要内容：

1）检查已完工程是否满足蓄水要求。

2）检查建设征地、移民搬迁安置和库区清理完成情况。

3）检查近坝库岸处理情况。

4）检查蓄水准备工作落实情况。

5）鉴定与蓄水有关的已完工程施工质量。

6）对验收中发现的问题提出处理意见。

7）讨论并通过阶段验收鉴定书。

拦河水闸工程可根据工程规模、重要性，由竣工验收主持单位决定是否组织蓄水（挡水）验收。

6. 引（调）排水工程通水验收

引（调）排水工程通水前，应进行通水验收。工程分期（或分段）通水时，应分期（或分段）进行通水验收。

（1）通水验收应具备以下条件。

1）引（调）排水建筑物的形象面貌满足通水的要求。

2）通水后未完工程的建设计划和施工措施已落实。

3）引（调）排水位以下的移民搬迁安置和障碍清理已完成并通过验收。

4）引（调）排水的调度运用方案已编制完成，度汛方案已得到有管辖权的防汛指挥部门批准，相关措施已落实。

（2）通水验收应包括以下主要内容：

1）检查已完工程是否满足通水的要求。

2）检查建设征地、移民搬迁安置和清障完成情况。

3）检查通水准备工作落实情况。

4）鉴定与通水有关的工程施工质量。

5）对验收中发现的问题提出处理意见。

6）讨论并通过阶段验收鉴定书。

7. 水电站（泵站）机组启动验收

（1）验收主体：

首（末）台机组启动验收应由竣工验收主持单位或其委托单位组织的机组启动验

收委员会负责；中间机组启动验收应由项目法人组细的机组启动验收工作组负责。

根据机组规模情况，竣工验收主持单位也可委托项目法人主持首（末）台机组启动验收。

(2) 机组启动试运行工作组应主要进行以下工作：

1) 审查批准施工单位编制的机组启动试运行试验文件和机组启动试运行操作规程等。

2) 检查机组及相应附属设备安装、调试、试验以及分部试运行情况，决定是否进行充水试验和空载试运行。

3) 检查机组充水试验和空载试运行情况。

4) 检查机组带主变压器与高压配电装置试验和并列及负荷试验情况，决定是否进行机组带负荷连续运行。

5) 检查机组带负荷连续运行情况。

6) 检查带负荷连续运行结束后消缺处理情况。

7) 审查施工单位编写的机组带负荷连续运行情况报告。

(3) 机组带负荷连续运行应符合以下要求：

1) 水电站机组带额定负荷连续运行时间为 72h；泵站机组带额定负荷连续运行时间为 24h 或 7d 内累计运行时间为 48h，包括机组无故障停机次数不少于 3 次。

2) 受水位或水量限制无法满足上述要求时，经过项目法人组织论证并提出专门报告报验收主持单位批准后，可适当降低机组启动运行负荷以及减少连续运行的时间。

首（末）台机组启动验收前，验收主持单位应组织进行技术预验收，技术预验收应在机组启动试运行完成后进行。

8. 部分工程投入使用验收

项目施工工期因故拖延，并预期完成计划不确定的工程项目，部分已完成工程需要投入使用的，应进行部分工程投入使用验收。

在部分工程投入使用验收申请报告中，应包含项目施工工期拖延的原因、预期完成计划的有关情况和部分已完成工程提前投入使用的理由等内容。

(1) 部分工程投入使用验收应具备以下条件：

1) 拟投入使用工程已按批准设计文件规定的内容完成并已通过相应的法人验收。

2) 拟投入使用工程已具备运行管理条件。

3) 工程投入使用后，不影响其他工程正常施工，且其他工程施工不影响部分工程安全运行（包括采取防护措施）。

4) 项目法人与运行管理单位已签订部分工程提前使用协议。

5) 工程调度运行方案已编制完成；度汛方案已经有管辖权的防汛指挥部门批准，相关措施已落实。

(2) 部分工程投入使用验收应包括以下主要内容：

1) 检查拟投入使用工程是否已按批准设计完成。

2) 检查工程是否已具备正常运行条件。

3）鉴定工程施工质量。

4）检查工程的调度运用、度汛方案落实情况。

5）对验收中发现的问题提出处理意见。

6）讨论并通过部分工程投入使用验收鉴定书。

9. 争议问题处理原则

阶段验收中发现的问题，其处理原则由验收委员会协商确定。主任委员对有争议的问题处理有裁决权，但当有半数以上验收委员不同意裁决意见时应报请验收主持单位决定。

10. 验收程序

大型工程阶段验收前可进行技术性初步验收。技术性初步验收可参照竣工初验的有关规定执行。

11. 专项评估

水库蓄水验收前，项目法人应按有关规定组织蓄水安全鉴定。

12. 验收结果

阶段验收的成果是阶段验收鉴定书。阶段验收鉴定书作为竣工验收的备查资料，由验收主持单位负责发送参加验收单位并报竣工验收主持单位备案。

6.3 专项验收

6.2.3 专项验收

工程竣工验收前，应按有关规定进行专项验收。专项验收主持单位应按国家和相关行业的有关规定确定。

1. 专项验收主持单位

（1）征地移民——承担此工作的地方政府（一般如此）自检，省水利厅抽查，竣工验收主持单位复核。

（2）档案——竣工验收主持单位。

（3）水保——竣工验收主持单位。

（4）环保——环境影响报告书（表）或环境影响登记表的审批单位。

（5）消防——工程所在地公安消防部门。

（6）其他——按相关规定执行。

2. 专项验收内容

竣工验收前应按国家有关规定进行专项验收。专项验收包括环境保护验收、水土保持验收、征地补偿与移民安置验收、工程档案验收以及国家规定的其他专项验收。

专项验收按有关专业部门规定执行。经有关专业部门同意，专项验收可与竣工验收一并进行。

（1）环境保护验收。

环境保护验收技术工作分为三个阶段：准备阶段、验收调查阶段、现场验收阶段。验收应满足下列工况要求：

1）建设项目运行生产能力达到其设计生产能力的75%以上并稳定运行，相应环保设施已投入运行。如果短期无法达到75%，应在主体工程稳定运行、环境保护设施正常运行的条件下进行，注明实际调查工况。

2）对于没有工况负荷的建设项目，如堤防、河道整治工程、河流景观建设工程等，以工程完工运用且相应环保设施及措施完成并投入运行后进行。

3）灌溉工程项目，以构筑物完建，灌溉引水量达到设计规模的75%以上。

4）分期建设、分期运行的项目，按照工程实施阶段，可分为蓄水前阶段和发电运行阶段进行验收调查。

（2）环境保护验收现场检查内容

1）环境保护设施检查：

a. 检查生态保护设施建设和运行情况，包括：过鱼设施和增殖放流设施、下泄生态流量通道、水土保持设施等。

b. 检查水环境保护设施建设和运行情况，包括：工程区废、污水收集处理设施、移民安置区污水处理设施等。

c. 检查其他环保设施运行情况，包括：烟气除尘设施、降噪设施、垃圾收集处理设施及环境风险应急设施等。

2）环境保护措施检查：

a. 检查生态保护措施落实情况，包括：迹地恢复和占地复耕措施、绿化措施、生态敏感目标保护措施、基本农田保护技施、水库生态调度措施、水生生物保护措施、生态补偿措施等。

b. 检查水环境保护措施落实情况，包括：污染源治理措施、水环境敏感目标保护措施、排泥场防渗处理措施、水污染突发事故应急措施等。

3. 生产建设项目水土保持设施验收

自主验收包括：水土保持设施验收报告编制和竣工验收两个阶段。

（1）自主验收包括内容：

1）水土保持设施建设完成情况。

2）水土保持设施质量。

3）水土流失防治效果。

4）水土保持设施的运行、管理维护情况。

5）水土保持设施验收报告由第三方技术服务机构（简称第三方）编制。

（2）水土保持设施竣工验收

1）竣工验收应在第三方提交水土保持设施验收报告后，生产建设项目投产运行前完成。

2）竣工验收应由项目法人组织，一般包括现场查看、资料查阅、验收会议等环节。

3）竣工验收应成立验收组。验收组由项目法人和水土保持设施验收报告编制，水土保持监测、监理、方案编制，施工等有关单位代表组成。项目法人可根据生产建设项目的规模、性质、复杂程度等情况邀请水土保持专家参加验收组。

水土保持设施自主验收材料由生产建设单位和接受报备的水行政主管部门双公开，生产建设单位公示20个工作日，水行政主管部门定期公告。

4. 建设项目档案验收

水利工程建设项目档案是工程建设各阶段形成的，具有保存价值的文字、图表、声像等不同形式的历史记录。

(1) 归档时间：

可分阶段在单位工程或单项工程完工后向项目法人归档，也可在主体工程全部完工后向项目法人归档。整个项目的归档工作和项目法人向有关单位的档案移交工作，应在工程竣工验收后3个月内完成。

(2) 工程档案验收方面的基本要求：

1) 验收时间：应提前或与工程竣工验收同步进行。大中型水利工程在竣工验收前应进行档案专项验收。其他工程的档案验收应与工程竣工验收同步进行。

2) 抽查比例：一般不得少于项目法人应保存档案数量的8%，其中竣工图不得少于一套竣工图总张数的10%；抽查档案总量应在200卷以上。

5. 专项验收成果

专项验收成果文件由项目法人负责发送有关单位，并报竣工验收主持单位备案。专项验收成果文件是竣工验收鉴定书的组成部分。

6.4 竣工验收

6.2.4 竣工验收

1. 竣工验收基本要求

建设项目完成并通过法人验收、阶段验收后，项目法人应及时申请进行工程项目竣工验收。

竣工验收应在工程建设项目全部完成并满足一定运行条件后1年内进行。按期验收有困难时，经过竣工验收主持单位的同意，可以适当延长，但最长不得超过6个月。

一定运行条件如下：

(1) 泵站工程经过一个排水或抽水期。

(2) 河道疏浚工程完成后。

(3) 其他工程经过6个月（经过一个汛期）至12个月。

2. 竣工验收原则

竣工验收主持单位按照以下原则确定：

(1) 国家重点建设工程依据国家的有关规定。

(2) 流域控制性工程、流域重大骨干工程由水利部或其委托的单位主持。

(3) 中央项目由水利部、流域机构或其委托的单位主持。其中：水利部组建项目法人并直接管理的工程或总投资5亿元以上的工程由水利部或其委托的单位主持；总投资5亿元以下的工程由流域机构或其委托的单位主持。

(4) 中央参与投资的地方项目，以中央投资为主的由水利部、流域机构或其委托的单位主持，其中总投资5亿元以上的工程由水利部或其委托的单位主持，总投资5亿元以下的工程由流域机构或其委托的单位主持。

以地方投资为主的由省级水行政主管部门或其委托的单位主持，有关流域机构参加验收工作。

（5）其他地方项目由省级水行政主管部门或其委托的单位主持。

3. 竣工验收单元

竣工验收原则上按经批准的初步设计所确定的项目进行。项目有总体初步设计又有单项工程初步设计的，原则上按总体初步设计进行验收。

项目有总体可行性研究，没有总体初步设计而有单项工程初步设计的，原则上按单项工程初步设计进行验收。

建设周期长或因故无法继续实施的工程项目，可对已完成的部分工程进行分期竣工验收。

4. 竣工验收申请

项目法人应在竣工验收前提出竣工验收申请，竣工验收申请应经过项目主管部门初步审查后报竣工验收主持单位。竣工验收主持单位应在接到竣工验收申请后及时决定是否同意进行。

5. 竣工验收应具备的条件

（1）工程已按批准设计全部完成。

（2）工程重大设计变更已经有审批权的单位批准。

（3）各单位工程能正常运行。

（4）历次验收所发现的问题已基本处理完毕。

（5）各专项验收已通过。

（6）工程投资已全部到位。

（7）竣工财务决算已通过竣工审计，审计意见中提出的问题已整改并提交了整改报告。

（8）运行管理单位已明确，管理养护经费已基本落实。

（9）质量和安全监督工作报告已提交，工程质量达到合格标准。

（10）竣工验收资料已准备就绪。

6. 竣工验收的程序

（1）项目法人组织进行竣工验收自查。

（2）项目法人提交竣工验收申请报告。

（3）竣工验收主持单位批复竣工验收申请报告。

（4）进行竣工技术预验收。

（5）召开竣工验收会议。

（6）印发竣工验收鉴定书。

竣工验收分为竣工技术预验收和竣工验收两个阶段。大型水利工程在竣工技术预验收前，应按照有关规定进行竣工验收技术鉴定。中型水利工程，竣工验收主持单位可以根据需要决定是否进行竣工验收技术鉴定。

7. 竣工技术预验收

竣工技术预验收应由竣工验收主持单位组织的专家组负责。技术预验收专家组成员应具有高级技术职称或相应执业资格，成员的2/3以上应来自工程非参建单位。工程参建单位的代表应参加技术预验收，负责回答专家组提出的问题。

(1) 竣工技术预验收应包括以下主要内容:

1) 检查工程是否按批准的设计完成。

2) 检查工程是否存在质量隐患和影响工程安全运行的问题。

3) 检查历次验收、专项验收的遗留问题和工程初期运行中所发现问题的处理情况。

4) 对工程重大技术问题做出评价。

5) 检查工程尾工安排情况。

6) 鉴定工程施工质量。

7) 检查工程投资、财务情况。

8) 对验收中发现的问题提出处理意见。

(2) 竣工技术预验收应按以下程序进行:

1) 现场检查工程建设情况并查阅有关工程建设资料。

2) 听取项目法人、设计、监理、施工、质量和安全监督机构、运行管理等单位工作报告。

3) 听取竣工验收技术鉴定报告和工程质量抽样检测报告。

4) 专业工作组讨论并形成各专业工作组意见。

5) 讨论并通过竣工技术预验收工作报告。

6) 讨论并形成竣工验收鉴定书初稿。

8. 竣工验收人员及竣工验收会议

竣工验收委员会可设主任委员1名,副主任委员以及委员若干名,主任委员应由验收主持单位代表担任。竣工验收委员会应由竣工验收主持单位、有关地方人民政府和部门、有关水行政主管部门和流域管理机构、质量和安全监督机构、运行管理单位的代表以及有关专家组成。工程投资方代表可参加竣工验收委员会。

项目法人、勘测、设计、监理、施工和主要设备制造(供应)商等单位应派代表参加竣工验收,负责解答验收委员会提出的问题,并应作为被验收单位代表在验收鉴定书上签字。

竣工验收会议应包括以下主要内容和程序:

(1) 现场检查工程建设情况及查阅有关资料。

(2) 召开大会。

1) 宣布验收委员会组成人员名单。

2) 观看工程建设声像资料。

3) 听取工程建设管理工作报告。

4) 听取竣工技术预验收工作报告。

5) 听取验收委员会确定的其他报告。

6) 讨论并通过竣工验收鉴定书。

7) 验收委员会委员和被验收单位代表在竣工验收鉴定书上签字。

工程项目质量达到合格以上等级的,竣工验收的质量结论意见为合格。自鉴定书通过之日起30个工作日内，由竣工验收主持单位发送有关单位。

9. 竣工验收自查

申请竣工验收前，项目法人应组织竣工验收自查。自查工作由项目法人主持，勘测、设计、监理、施工、主要设备制造（供应）商以及运行管理等单位的代表参加。

竣工验收自查应包括以下主要内容：

（1）检查有关单位的工作报告。

（2）检查工程建设情况，评定工程项目施工质量等级。

（3）检查历次验收、专项验收的遗留问题和工程初期运行所发现问题的处理情况。

（4）确定工程尾工内容及其完成期限和责任单位。

（5）对竣工验收前应完成的工作做出安排。

（6）讨论并通过竣工验收自查工作报告。

项目法人组织工程竣工验收自查前，应提前10个工作日通知质量和安全监督机构，同时向法人验收监督管理机关报告。质量和安全监督机构应派员列席自查工作会议。

项目法人应在完成竣工验收自查工作之日起10个工作日内，将自查的工程项目质量结论和相关资料报质量监督机构。

10. 工程质量抽样检测

根据竣工验收的需要，竣工验收主持单位可以委托具有相应资质的工程质量检测单位对工程质量进行抽样检测。项目法人应与工程质量检测单位签订工程质量检测合同。检测所需费用由项目法人列支，质量不合格工程所发生的检测费用由责任单位承担。

工程质量检测单位不应与参与工程建设的项目法人、设计、监理、施工、设备制造（供应）商等单位隶属同一经营实体。

根据竣工验收主持单位的要求和项目的具体情况，项目法人应负责提出工程质量抽样检测的项目、内容和数量，经质量监督机构审核后报竣工验收主持单位核定。

工程质量检测单位应按照有关技术标准对工程进行质量检测，按合同要求及时提出质量检测报告并对检测结论负责。项目法人应自收到检测报告10个工作日内将检测报告报竣工验收主持单位。

对抽样检测中发现的质量问题，项目法人应及时组织有关单位研究处理。在影响工程安全运行以及使用功能的质量问题未处理完毕前，不应进行竣工验收。

11. 争议问题处理原则

竣工验收中发现的问题，其处理原则由验收委员会协商确定。主任委员对有争议的问题处理有裁决权，但当有半数以上验收委员不同意裁决意见时，应报请验收主持单位决定。

12. 竣工验收成果

竣工验收的成果是竣工验收鉴定书，鉴定书对工程质量的结论应明确为合格或不合格。

竣工验收鉴定书应经过2/3以上验收委员会成员同意，对于不同意见应当有明确的记载并作为竣工验收鉴定书附件。

竣工验收鉴定书自通过之日起30个工作日内，由竣工验收主持单位负责行文发送有关单位。

13. 质量责任

竣工验收鉴定书是项目法人完成工程建设任务的凭据。有关验收结论不解除项目法人以及工程参建单位依照合同和法律法规应当承担的工程建设质量责任和义务。

对于符合下列条件的工程，由竣工验收主持单位向项目法人颁发工程竣工验收证书：

（1）工程已按规定完成并通过竣工验收。

（2）工程遗留问题已处理，尾工处理已完成并通过验收。

（3）竣工验收鉴定书已印发。

6.5 工程移交及遗留问题处理

任务6.3 工程移交及遗留问题处理

6.3.1 工程交接

通过合同工程完工验收或投入使用验收后，项目法人与施工单位应在30个工作日内组织专人负责工程的交接工作，交接过程应有完整的文字记录并有双方交接负责人签字。

项目法人与施工单位应在施工合同或验收鉴定书约定的时间内完成工程及其档案资料的交接工作。

工程办理具体交接手续的同时，施工单位应向项目法人递交工程质量保修书。保修书的内容应符合合同约定的条件。

工程质量保修期从工程通过合同工程完工验收后开始计算，但合同另有约定的除外。

在施工单位递交了工程质量保修书、完成施工场地清理以及提交有关竣工资料后，项目法人应在30个工作日内向施工单位颁发合同工程完工证书。

6.3.2 工程移交

工程通过投入使用验收后，项目法人宜及时将工程移交运行管理单位管理，并与其签订工程提前启用协议。

在竣工验收鉴定书印发后60个工作日内，项目法人与运行管理单位应完成工程移交手续。

工程移交应包括工程实体、其他固定资产和工程档案资料等，应按照初步设计等有关批准文件进行逐项清点，并办理移交手续。

办理工程移交，应有完整的文字记录和双方法定代表人签字。

6.3.3 验收遗留问题及尾工处理

有关验收成果性文件应对验收遗留问题有明确的记载。影响工程正常运行的，不应作为验收遗留问题处理。

验收遗留问题和尾工的处理由项目法人负责。项目法人应按照竣工验收鉴定书、合同约定等要求，督促有关责任单位完成处理工作。

验收遗留问题和尾工处理完成后，有关单位应组织验收，并形成验收成果性文件。项目法人应参加验收并负责将验收成果性文件报竣工验收主持单位。

工程竣工验收后，应由项目法人负责处理的验收遗留问题，项目法人已撤销的，由组建或批准组建项目法人的单位或其指定的单位处理完成。

6.3.4 工程竣工证书颁发

工程质量保修期满后30个工作日内，项目法人应向施工单位颁发工程质量保修责任终止证书，但保修责任范围内的质量缺陷未处理完成的除外。

工程质量保修期满以及验收遗留问题和尾工处理完成后，项目法人应向工程竣工验收主持单位申请领取竣工证书。申请报告应包括以下内容：

（1）工程移交情况。

（2）工程运行管理情况。

（3）验收遗留问题和尾工处理情况。

（4）工程质量保修期有关情况。

竣工验收主持单位应自收到项目法人申请报告后30个工作日内决定是否颁发工程竣工证书，颁发竣工证书应符合以下条件：

（1）竣工验收鉴定书已印发。

（2）工程遗留问题和尾工处理已完成并通过验收。

（3）工程已全面移交运行管理单位管理。

工程竣工证书是项目法人全面完成工程项目建设管理任务的证书，也是工程参建单位完成相应工程建设任务的最终证明文件。

工程竣工证书数量按正本3份和副本若干份颁发，正本由项目法人、运行管理单位和档案部门保存，副本由工程主要参建单位保存。

任务6.4 验 收 责 任

项目法人及各参建单位应对其提交验收资料的完整性、真实性负责，由于验收资料缺乏、虚假等原因导致有关验收结论有误的，由资料提供单位承担直接责任。

工程参建单位的法定代表人，对本单位的验收工作负领导责任。各单位在工程现场的主要负责人对验收工作负直接领导责任。

各单位的项目技术负责人对验收工作负技术责任。具体工作人员负直接责任。

验收委员会（验收工作组）对验收结论负责。

验收委员会（验收工作组）成员应当具备依据有关规定对工程进行鉴定的能力。由于参加验收人员玩忽职守、徇私舞弊、弄虚作假等原因导致有关验收结论有误时，由相关人员承担直接责任。

验收委员会（验收工作组）成员应当依据有关规定进行工程验收，并在验收成果文件上签字，对验收结论负责。验收人员对验收结论持异议时，应将有关意见在验收成果文件上明确记载并由其本人签字。未签字视为同意验收结论。

建设项目的水行政主管部门对该项目的法人验收活动承担监督管理责任。

项目法人不及时组织工程验收的，责令改正，对负责人通报批评。

6.6　项目6知识型选择、判断题

以个人身份参加验收的有关专家在验收工作中玩忽职守、徇私舞弊，给予警告，情节严重的，取消其今后参加工程项目验收资格。

国家机关工作人员在验收管理工作中玩忽职守、滥用职权、徇私舞弊，构成犯罪的，依法追究刑事责任，尚不构成犯罪的，依法给予行政处分。

【项目小结】

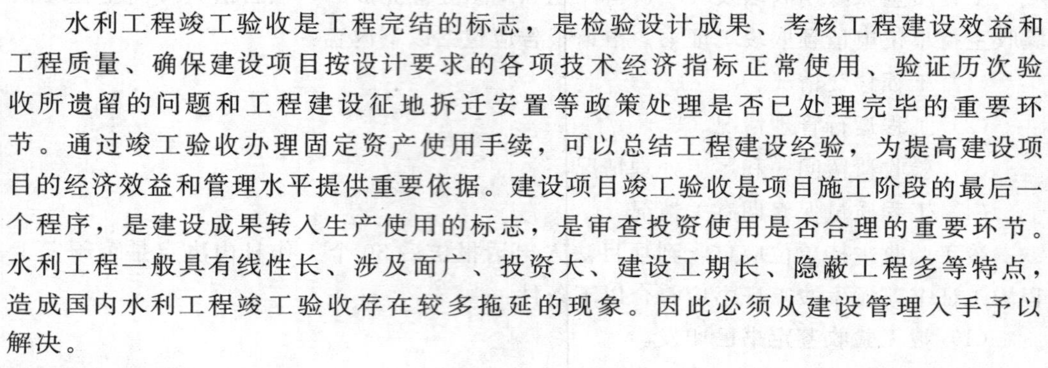

水利工程竣工验收是工程完结的标志，是检验设计成果、考核工程建设效益和工程质量、确保建设项目按设计要求的各项技术经济指标正常使用、验证历次验收所遗留的问题和工程建设征地拆迁安置等政策处理是否已处理完毕的重要环节。通过竣工验收办理固定资产使用手续，可以总结工程建设经验，为提高建设项目的经济效益和管理水平提供重要依据。建设项目竣工验收是项目施工阶段的最后一个程序，是建设成果转入生产使用的标志，是审查投资使用是否合理的重要环节。水利工程一般具有线性长、涉及面广、投资大、建设工期长、隐蔽工程多等特点，造成国内水利工程竣工验收存在较多拖延的现象。因此必须从建设管理入手予以解决。

6.7　项目6知识型选择、判断题答案

6.8　项目6习题答案

【项目6　习题】

一、判断题

1. 工程质量保修期满后（　　）个工作日内，项目法人应向施工单位颁发工程质量保修责任终止证书，但保修责任范围内的质量缺陷未处理完成的除外。

A. 10　　B. 20　　C. 30　　D. 60

2. 在竣工验收鉴定书印发后（　　）个工作日内，项目法人与运行管理单位应完成工程移交手续。

A. 10　　B. 20　　C. 30　　D. 60

3. 竣工验收鉴定书：自鉴定书通过之日起（　　）个工作日内，由竣工验收主持单位发送有关单位。

A. 20　　B. 30　　C. 15　　D. 60

4. 项目法人组织工程竣工验收自查前，应提前（　　）个工作日通知质量和安全监督机构，同时向法人验收监督管理机关报告。质量和安全监督机构应派员列席自查工作会议。

A. 10　　B. 20　　C. 30　　D. 60

5. 竣工验收应在工程建设项目全部完成并满足一定运行条件后（　　）年内进行。

A. 0.5　　B. 1　　C. 2　　D. 3

6. 合同工程具备验收条件时，施工单位应向项目法人提出验收申请报告。项目法人应在收到验收申请报告之日起（ ）个工作日内决定是否同意进行验收。

A. 15　　B. 20　　C. 30　　D. 50

7. 工程验收结论应经（ ）以上验收委员会（工作组）成员同意。

A. 2/3　　B. 1/2　　C. 3/5　　D. 4/7

二、多选题

1. 竣工验收一定运行条件是指（ ）。

A. 河道疏浚工程完成后

B. 泵站工程经过一个排水或抽水期

C. 其他工程经过6个月（经过一个汛期）至12个月

D. 其他工程经过3个月至6个月

2. 水电站（泵站）机组启动预验收应（ ）。

A. 听取有关建设、设计、监理、施工和试运行情况报告

B. 检查评价机组及其辅助设备质量、有关工程施工安装质量；检查试运行情况和消缺处理情况

C. 对验收中发现的问题提出处理意见

D. 讨论形成机组启动技术预验收工作报告

3. 水电站（泵站）机组启动带负荷连续运行应符合以下要求（ ）。

A. 水电站机组带额定负荷连续运行时间为72h

B. 泵站机组带额定负荷连续运行时间为24h

C. 或7d内累计运行时间为48h

D. 包括机组无故障停机次数不少于3次

4. 引（调）排水工程通水验收条件有（ ）。

A. 引（调）排水建筑物的形象面貌满足通水的要求

B. 通水后未完工程的建设计划和施工措施已落实

C. 引（调）排水位以下的移民搬迁安置和障碍物清理已完成并通过验收

D. 引（调）排水的调度运用方案已编制完成；度汛方案已得到有管辖权的防汛指挥部门批准，相关措施已落实

5. 单位工程验收程序为（ ）。

A. 听取工程参建单位工程建设有关情况的汇报

B. 现场检查工程完成情况和工程质量

C. 检查分部工程验收有关文件及相关档案资料

D. 讨论并通过单位工程验收鉴定书

6. 单位工程验收内容有（ ）

A. 检查工程是否按批准的设计内容完成

B. 评定工程施工质量等级

C. 检查分部工程验收遗留问题处理情况及相关记录

D. 对验收中发现的问题提出处理意见

E. 单位工程投入使用验收，还应对工程是否具备安全运行条件进行检查

7. 分部工程验收条件有（ ）。

A. 所有单元工程已完成

B. 已完单元工程施工质量经评定全部合格，有关质量缺陷已处理完毕或有监理机构批准的处理意见

C. 合同约定的其他条件

D. 对验收中发现的问题未提出处理意见

8. 水利水电建设工程，政府验收应包括（ ）。

A. 阶段验收 B. 专项验收 C. 竣工验收

D. 单元工程验收 E. 首台机组验收

9. 水利水电建设工程，法人验收应包括（ ）。

A. 分部工程验收 B. 单位工程验收

C. 水电站（泵站）中间机组启动验收

D. 合同工程完工验收

E. 阶段验收

10. 应急保障队伍包括（ ）。

A. 工程设施抢险队伍

B. 专家咨询队伍

C. 应急管理队伍

D. 物质保障队伍

11. 工程竣工证书数量按正本 3 份和副本若干份颁发，正本（ ）保存，副本由工程主要参建单位保存。

A. 由项目法人 B. 运行管理单位 C. 档案部门 D. 参建单位保存

三、判断题

1. 工程竣工验收时，施工单位应向竣工验收委员会汇报并提交历次质量缺陷备案资料。（ ）

2. 工程竣工验收时，项目法人应向竣工验收委员会汇报并提交历次质量缺陷备案资料。（ ）

3. 质量缺陷备案表由监理单位组织填写，内容应准确、真实、完整。（ ）

4. 质量缺陷备案表由施工组织填写，内容应准确、真实、完整。（ ）

5. 水利水电建设工程验收按验收主持单位可分为法人验收和政府验收。（ ）

项目 7

水利工程质量检验与评定

【思维导图】

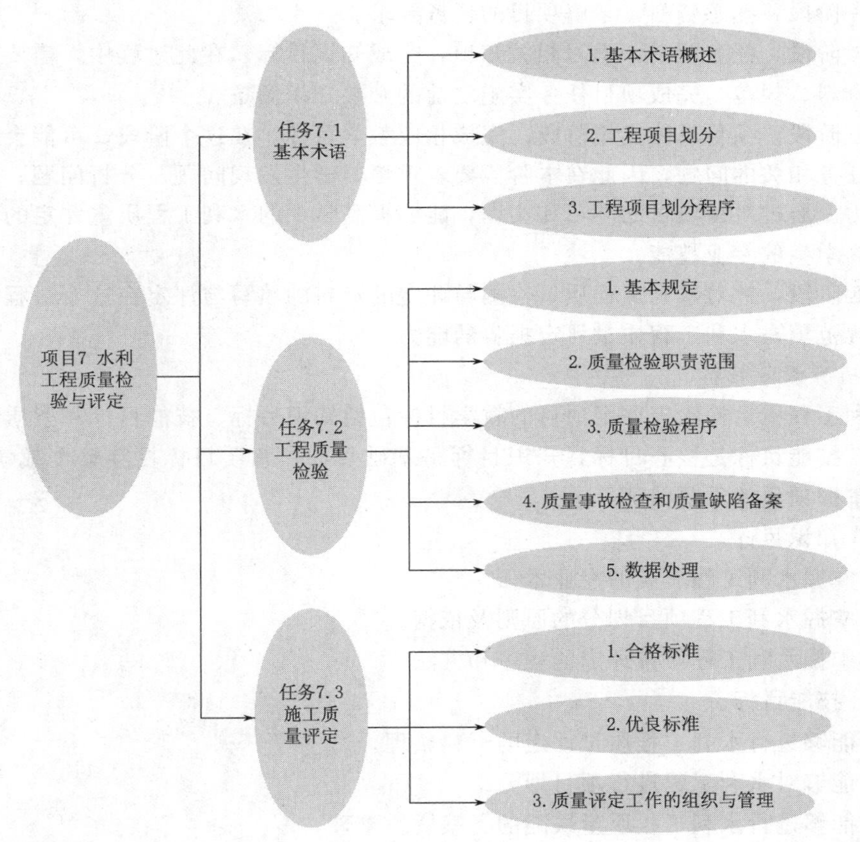

【项目简述】

本项目主要介绍水利工程施工质量检测与评定的基本内容：主要介绍水利工程质量有关的术语、项目划分的原则、质量检验的职责范围以及质量检验的程序；检测数据的处理；施工质量的评定。

【项目载体】

滀港站位于安徽省芜湖市弋江区境内，工程施工内容主要为移址新建滀港站

1座，设计排涝流量为25m³/s，装置6台套1200ZLB－85立式轴流泵，单机配套功率450kW，装机功率2700kW。漕港站主要由引水渠、清污机桥、前池、泵室、压力水箱、穿堤涵洞、防洪闸等组成。工程等别为Ⅲ等，防洪闸、穿堤涵洞为1级建筑物，泵室、压力水箱、清污机桥等主要建筑物为3级建筑物，次要建筑物为4级建筑物，外河侧围堰为4级建筑物，内河侧围堰为5级建筑物。工程合理使用年限为50年。

该工程项目在施工过程中，全过程质量控制，对各单元工程、分部工程、单位工程进行质量评定，保证水利工程的质量要求。

【项目实施方法及目标】

1. 项目实施方法

本项目分为四个阶段：

第一阶段，熟悉资料，了解项目的任务要求。

第二阶段，任务驱动，学习相关知识，完成知识目标。在此过程中，需要探寻查阅有关资料、规范，完成项目任务实施之前的必要知识储备。

第三阶段，项目具体实施阶段，完成相应教学目标。在这个阶段，可能会遇到许多与之任务相关的问题，因此在本阶段要着重培养学生发现问题、分析问题、解决问题的能力。通过对该项目的学习和实训，能够提高学生的水利工程质量评定的专业知识、提高学生的专业技能。

第四阶段，针对水利工程质量检测与评定的资料的填写与评定在这个过程中，培养学生规范填写水利工程质量评定报告的能力。

2. 项目教学目标

水利工程质量检验与评定项目的教学目标包括知识目标、技能目标和素质目标三个方面。技能目标是核心目标，知识目标是基础目标，素质目标贯穿整个教学过程，是学习掌握项目的重要保证。

（1）知识目标。

1）掌握水利工程质量的专业术语。

2）掌握水利工程项目划分的原则及依据。

3）掌握水利工程质量评定的程序和方法。

（2）技能目标。

1）能够进行水利工程质量评定的资料整理。

2）能够对水利工程进行项目划分。

3）能够进行水利工程质量缺陷的备案资料整理。

（3）素质目标。

1）认真进行水利工程质量评定——科学、规范填写水利工程质量检测与评定资料，培养学生的严谨认真的态度，科学务实的求真精神。

2）对照法规、专业标准、规范，合同约定进行水利工程质量评定结论判定——培养学生遵纪守法、树立规矩意识。

（4）现行规范。

1)《土工试验工程》(YS/T 5225—2016)。

2)《水利水电单元工程施工质量验收评定标准——土石方工程》(SL 631—2012)。

3)《水利水电单元工程施工质量验收评定标准——混凝土工程》(SL 632—2012)。

4)《水利水电单元工程施工质量验收评定标准——地基处理与基础工程》(SL 633—2012)。

5)《水利水电工程单元工程施工质量验收评定标准——堤防工程》(SL 634—2012)。

6)《水利水电工程单元工程施工质量验收评定标准——水工金属结构安装工程》(SL 635—2012)。

7)《水利水电工程单元工程施工质量验收评定标准——水力机械辅助设备系统安装工程》(SL 637—2012)。

8)《水利水电工程施工质量检验与评定规程》(SL 176—2007)。

(5) 水利工程质量评定资料整理。

1) 水利工程质量检测与评定的资料整理。学生应根据项目的评定要求按照规范、工程合同约定完成水利工程质量评定报告；或者根据教学目标任务，填写实训报告。并说明评定结果是否满足要求，如不满足要求，列出处理方法和措施；数据计算方法要求正确，数据真实可靠，计算结果准确。

2) 课后说明。简要说明水利工程质量检测与评定报告的填写依据，并对项目的内容进行总结，巩固学生学习效果。

7.1 水利工程质量评定（一）

任务 7.1 基 本 术 语

7.1.1 基本术语概述

(1) 水利水电工程质量：工程满足国家和水利行业相关标准及合同约定要求的程度，在安全、功能、适用、外观及环境保护等方面的特性总和。

(2) 质量检验：通过检查、量测、试验等方法，对工程质量特性进行的综合性评价。

(3) 质量评定：将质量检验结果与国家和行业技术标准以及合同约定的质量标准所进行的比较活动。

(4) 单位工程：具有独立发挥作用或独立施工条件的建筑物。

(5) 分部工程：在一个建筑物内能组合发挥一种功能的建筑安装工程，是组成单位工程的部分。对单位工程安全、功能或效益起决定性作用的分部工程称为主要分部工程。

(6) 单元工程：在分部工程中由几个工序（或工种）施工完成的最小综合体，是日常质量考核的基本单位。

(7) 关键部位单元工程：对工程安全、或效益、或功能有显著影响的单元工程。

(8) 重要隐蔽单元工程：主要建筑物的地基开挖、地下洞室开挖、地基防渗、加固处理和排水等隐蔽工程中，对工程安全或功能有严重影响的单元工程。

(9) 主要建筑物及主要单位工程：主要建筑物，指其失事后将造成下游灾害或严重影响工程效益的建筑物，如堤坝、泄洪建筑物、输水建筑物、电站厂房及泵站等。属于主要建筑物的单位工程称为主要单位工程。

（10）中间产品：工程施工中使用的砂石骨料、石料、混凝土拌和物、砂浆拌和物、混凝土预制构件等土建类工程的成品及半成品。

（11）见证取样：在监理单位或项目法人监督下，由施工单位有关人员现场取样，并送到具有相应资质等级的工程质量检测单位所进行的检测。

（12）外观质量：通过检查和必要的量测所反映的工程外表质量。

（13）质量事故：在水利水电工程建设过程中，由于建设管理、监理、勘测、设计、咨询、施工、材料、设备等原因造成工程质量不符合国家和行业相关标准以及合同约定的质量标准，影响工程使用寿命和对工程安全运行造成隐患和危害的事件。

（14）质量缺陷：对工程质量有影响，但小于一般质量事故的质量问题。

7.1.2 工程项目划分

1. 工程项目名称

（1）水利水电工程质量检验与评定应进行项目划分，项目按级划分为单位工程、分部工程、单元（工序）工程等三级。

（2）工程中永久性房屋（管理设施用房）、专用公路、专用铁路等工程项目，可按相关行业标准划分和确定项目名称。

2. 项目划分原则

（1）水利水电工程项目划分应结合工程结构特点、施工部署及施工合同要求进行，划分结果应有利于保证施工质量以及施工质量管理。

（2）单位工程项目的划分应按下列原则确定：

1）枢纽工程，一般以每座独立的建筑物为一个单位工程。当工程规模大时，可将一个建筑物中具有独立施工条件的一部分划分为一个单位工程。

2）堤防工程，按招标标段或工程结构划分单位工程。规模较大的交叉联结建筑物及管理设施以每座独立的建筑物为一个单位工程。

3）引水（渠道）工程，按招标标段或工程结构划分单位工程。大、中型引水（渠道）建筑物以每座独立的建筑物为一个单位工程。

4）除险加固工程，按招标标段或加固内容，并结合工程量划分单位工程。

3. 分部工程项目的划分原则

（1）枢纽工程，土建工程按设计的主要组成部分划分。金属结构及启闭机安装工程和机电设备安装工程按组合功能划分。

（2）堤防工程，按长度或功能划分。

（3）引水（渠道）工程中的河（渠）道按施工部署或长度划分。大、中型建筑物按工程结构主要组成部分划分。

（4）除险加固工程，按加固内容或部位划分。

（5）同一单位工程中，各个分部工程的工程量（或投资）不宜相差太大，每个单位工程的分部工程数目，不宜少于5个。

4. 单元工程项目的划分原则

(1) 按《水电水利基本建设工程单元工程质量等级评定标准 第1部分：土建工程》(DL/T 5113.1—2019)(简称《单元工程评定标准》)的规定划分。

(2) 河（渠）道开挖、填筑及衬砌单元工程划分界限宜设在变形缝或结构缝处，长度不般不大于100m。同一分部工程中各单元工程的工程量（或投资）不宜相差太大。

(3)《单元工程评定标准》中未涉及的单元工程可依据工程结构、施工部署或质量考核要求，按层、块、段进行划分。

7.1.3 工程项目划分程序

(1) 由项目法人组织监理、设计及施工等单位进行工程项目划分，并确定主要单位工程、主要分部工程、重要隐蔽单元工程和关键部位单元工程。项目法人在主体工程开工前将项目划分表及说明书面报相应工程质量监督机构确认。

(2) 工程质量监督机构收到项目划分书面报告后，应在14个工作日内对项目划分进行确认并将确认结果书面通知项目法人。

(3) 工程实施过程中，需对单位工程、主要分部工程、重要隐蔽单元工程和关键部位单元工程的项目划分进行调整时，项目法人应重新报送工程质量监督机构确认。

7.2 水利工程质量评定（二）

任务7.2 工程质量检验

7.2.1 基本规定

(1) 承担工程检验业务的检测单位应具有水行政主管部门颁发的资质证书。其设备和人员的配备应与所承担的任务相适应，有健全的管理制度。

(2) 工程施工质量检验中使用的计量器具、试验仪器仪表及设备应定期进行检定，并具备有效的检定证书。国家规定需强制检定的计量器具应经县级以上计量行政部门认定的计量检定机构或其授权设置的计量检定机构进行检定。

(3) 检测人员应熟悉检测业务，了解被检测对象性质和所用仪器设备性能，经考核合格，持证上岗。参与中间产品及混凝土（砂浆）试件质量资料复核的人员应具有工程师以上工程系列技术职称，并从事过相关试验工作。压实参数的选择及现场压实试验。

(4) 工程质量检验项目和数量应符合《单元工程评定标准》的规定。

(5) 工程质量检验方法，应符合《单元工程评定标准》和国家及行业现行技术标准的有关规定。

(6) 工程质量检验数据应真实可靠，检验记录及签证应完整齐全。

(7) 工程项目中如遇《单元工程评定标准》中尚未涉及的项目质量评定标准时，其质量标准及评定表格，由项目法人组织监理、设计及施工单位按水利部有关规定进行编制和报批。

(8) 工程中永久性房屋、专用公路、专用铁路等项目的施工质量检验与评定可按相应行业标准执行。

(9) 项目法人、监理、设计、施工和工程质量监督等单位根据工程建设需要，可委托具有相应资质等级的水利工程质量检测单位进行工程质量检测。施工单位自检性质的委托检测项目及数量，按《单元工程评定标准》及施工合同约定执行。对已建工程质量有重大分歧时，应由项目法人委托第三方具有相应资质等级的质量检测单位进行检测，检测数量视需要确定，检测费用由责任方承担。

(10) 堤防工程竣工验收前，项目法人应委托具有相应资质等级的质量检测单位进行抽样检测，工程质量抽检项目和数量由工程质量监督机构确定。

(11) 对涉及工程结构安全的试块、试件及有关材料，应实行见证取样。见证取样资料由施工单位制备，记录应真实齐全，参与见证取样人员应在相关文件上签字。

(12) 工程中出现检验不合格的项目时，应按以下规定进行处理：

1) 原材料、中间产品一次抽样检验不合格时，应及时对同一取样批次另取两倍数量进行检验，如仍不合格，则该批次原材料、中间产品应定为不合格，不得使用。

2) 单元（工序）工程质量不合格时，应按合同要求进行处理或返工重做，并经重新检验且合格后方进行后续工程施工。

3) 混凝土（砂浆）试件抽样检验不合格时，应委托具有相应资质等级的质量检测单位对相应工程部位进行检验。如仍不合格，由项目法人组织有关单位进行研究，并提出处理意见。

4) 工程完工后的质量抽检不合格，或其他检验不合格的工程，应按有关规定进行处理，合格后才能进行验收或后续工程施工。

7.2.2 质量检验职责范围

(1) 永久性工程（包括主体工程及附属工程）施工质量检验应符合下列规定：

1) 施工单位应依据工程设计要求、施工技术标准和合同约定，结合《单元工程评定标准》的规定确定检验项目及数量并进行自检，自检过程应有书面记录，同时结合自检情况如实填写水利部颁发的水利水电工程施工质量评定表（办建管〔2002〕182号）。

2) 监理单位应根据《单元工程评定标准》和抽样检测结果复核工程质量。其平行检测和跟踪检测的数量按《水利工程施工监理规范》(SL 288—2014)（简称《监理规范》）或合同约定执行。

3) 项目法人应对施工单位自检和监理单位抽检过程进行督促检查，对报工程质量监督机构核备、核定的工程质量等级进行认定。

4) 工程质量监督机构应对项目法人、监理、勘测、设计、施工单位以及工程其他参建单位的质量行为和工程实物质量进行监督检查。检查结果应按有关规定及时公布，并书面通知有关单位。

(2) 临时工程质量检验及评定标准，由项目法人组织监理、设计及施工等单位根据工程特点，参照《单元工程评定标准》和其他相关标准确定，并报相应的工程质量监督机构核备。

7.2.3 质量检验程序

（1）质量检验包括施工准备检查，原材料与中间产品质量检验，水工金属结构、启闭机及机电产品质量检查，单元（工序）工程质量检验，质量事故检查和质量缺陷备案，工程外观质量检验等。

（2）主体工程开工前，施工单位应组织人员进行施工准备检查，并经项目法人或监理单位确认合格且履行相关手续后，才能进行主体工程施工。

（3）施工单位应按《单元工程评定标准》及有关技术标准对水泥、钢材等原材料与中间产品质量进行检验，并报监理单位复核。不合格产品，不得使用。

（4）水工金属结构、启闭机及机电产品进场后，有关单位应按有关合同进行交货检查和验收。安装前，施工单位应检查产品是否有出厂合格证、设备安装说明书及有关技术文件，对在运输和存放过程中发生的变形、受潮、损坏等问题应作好记录，并进行妥善处理。无出厂合格证或不符合质量标准的产品不得用于工程中。

（5）施工单位应按《单元工程评定标准》检验工序及单元工程质量，作好书面记录，在自检合格后，填写水利水电工程施工质量评定表报监理单位复核。监理单位根据抽检资料核定单元（工序）工程质量等级。发现不合格单元（工序）工程，应要求施工单位及时进行处理，合格后才能进行后续工程施工。对施工中的质量缺陷应书面记录备案，进行必要的统计分析，并在相应单元（工序）工程质量评定表“评定意见”栏内注明。

（6）施工单位应及时将原材料、中间产品质量及单元（工序）工程质量检验结果报监理单位复核。并应按月将施工质量情况报送监理单位，由监理单位汇总分析后报项目法人和工程质量监督机构。

（7）单位工程完工后，项目法人应组织监理、设计及施工及工程运行管理等单位组成工程外观质量评定组，现场进行工程外观质量检验评定，并将评定结论报工程质量监督机构核定。参加工程外观质量评定的人员应具有工程师以上技术职称或相应执业资格。评定组人数不应少于5人，大型工程不宜少于7人。

7.2.4 质量事故检查和质量缺陷备案

（1）根据《水利工程质量事故处理暂行规定》（水利部令第9号），水利水电工程质量事故分为一般质量事故、较大质量事故、重大质量事故和特大质量事故四类。

（2）质量事故发生后，有关单位应按“四不放过”原则，调查事故原因，研究处理措施，查明事故责任者，并根据《水利工程质量事故处理暂行规定》（水利部令第9号）做好事故处理工作。

（3）在施工过程中，因特殊原因使得工程个别部位或局部发生达不到技术标准和设计要求（但不影响使用），且未能及时进行处理的工程质量缺陷问题（质量评定仍定为合格），应以工程质量缺陷备案形式进行记录备案。

（4）质量缺陷备案表由监理单位组织填写，内容应真实、准确、完整。各工程参建单位代表应在质量缺陷备案表上签字，若有不同意见应明确记载。质量缺陷备案表应及时报工程质量监督机构备案，格式见《单元工程评定标准》附录B。质量缺陷备案资料按竣工验收的标准制备。工程峻工验收时，项目法人应向竣工验收委员会汇报并提交历次质量缺陷备案资料。

(5) 工程质量事故处理后，应由项目法人委托具有相应资质等级的工程质量检测单位检测后，按照处理方案确定的质量标准，重新进行工程质量评定。

7.2.5 数据处理

(1) 数据保留位数，应符合国家及行业有关试验规程及施工规范的规定。计算合格率时，小数点后保留一位。

(2) 数值修约应符合《数值修约规则与极限数值的表示和判定》(GB 8170—2008) 的规定。

(3) 检验和分析数据可靠性时，应符合下列要求：

1) 检查取样应具有代表性。

2) 检验方法及仪器设备应符合国家及行业规定。

3) 操作应准确无误。

(4) 实测数据是评定质量的基础资料，严禁伪造或随意舍弃检测数据。对可疑数据，应检查分析原因，并做出书面记录。

(5) 单元（工序）工程检验成果按《单元工程评定标准》规定进行计算。

(6) 水泥、钢材、外加剂、混合材及其他原材料的检测数量与数据统计方法按现行国家和行业有关标准执行。

(7) 砂石骨料、石料及混凝土预制件等中间产品检测数据统计方法应符合《单元工程评定标准》的规定。

(8) 混凝土强度的检验评定应符合以下规定：

1) 普通混凝土试块试验数据统计应符合《单元工程评定标准》附录C的规定。试块组数较少或对结论有怀疑时，也可采取其他措施进行检验。

2) 碾压混凝土质量检验与评定按《水工碾压混凝土施工规范》(SL 53—1994) 的规定执行。

3) 喷射混凝土抗压强度的检验与评定应符合喷射混凝土抗压强度检验评定标准，详见《单元工程评定标准》附录D。

(9) 砂浆、砌筑用混凝土强度检验评定标准应符合《单元工程评定标准》附录E的规定。

(10) 混凝土、砂浆的抗冻、抗渗等其他检验评定标准应符合设计和相关技术标准的要求。

7.3 水利工程质量评定（三）

任务7.3 施工质量评定

7.3.1 合格标准

(1) 合格标准是工程验收标准。不合格工程必须进行处理且达到合格标准后，才能进行后续工程施工或验收。水利水电工程施工质量等级评定的主要依据有：

1) 国家及相关行业技术标准。

2)《单元工程评定标准》。

3）经批准的设计文件、施工图纸、金属结构设计图样与技术条件、设计修改通知书、厂家提供的设备安装说明书及有关技术文件。

4）工程承发包合同中约定的技术标准。

5）工程施工期及试运行期的试验和观测分析成果。

（2）单元（工序）工程施工质量合格标准应按照《单元工程评定标准》或合同约定的合格标准执行。当达不到合格标准时，应及时处理。处理后的质量等级应按下列规定重新确定：

1）全部返工重做的，可重新评定质量等级。

2）经加固补强并经设计和监理单位鉴定能达到设计要求时，其质量评为合格。

3）处理后的工程部分质量指标仍达不到设计要求时，经设计复核，项目法人及监理单位确认能满足安全和使用功能要求，可不再进行处理；或经加固补强后，改变了外形尺寸或造成工程永久性缺陷的，经项目法人、监理及设计单位确认能基本满足设计要求，其质量可定为合格，但应按规定进行质量缺陷备案。

（3）分部工程施工质量同时满足下列标准时，其质量评为合格：

1）所含单元工程的质量全部合格，质量事故及质量缺陷已按要求处理，并经检验合格。

2）原材料、中间产品及混凝土（砂浆）试件质量全部合格，金属结构及启闭机制造质量合格，机电产品质量合格。

（4）单位工程施工质量同时满足下列标准时，其质量评为合格：

1）所含分部工程质量全部合格。

2）质量事故已按要求进行处理。

3）工程外观质量得分率达到70%以上。

4）单位工程施工质量检验与评定资料基本齐全。

5）工程施工期及试运行期，单位工程观测资料分析结果符合国家和行业技术标准以及合同约定的标准要求。

（5）工程项目施工质量同时满足下列标准时，其质量评为合格：

1）单位工程质量全部合格。

2）工程施工期及试运行期，各单位工程观测资料分析结果均符合国家和行业技术标准以及合同约定的标准要求。

7.3.2 优良标准

（1）优良等级是为工程项目质量创优而设置。

（2）单元工程施工质量优良标准应按照《单元工程评定标准》以及合同约定的优良标准执行。全部返工重做的单元工程，经检验达到优良标准时，可评为优良等级。

（3）分部工程施工质量同时满足下列标准时，其质量评为优良：

1）所含单元工程的质量全部合格，其中70%以上达到优良等级，重要隐蔽单元工程和关键部位单元工程质量优良率达90%以上，且未发生过质量事故。

2）中间产品质量全部合格，混凝土（砂浆）试件质量达到优良等级（当试件组数小于30时，试件质量合格），原材料质量、金属结构及启闭机制造质量合格，机电产品质量合格。

（4）单位工程施工质量同时满足下列标准时，其质量评为优良：

1）所含分部工程质量全部合格，其中70%以上达到优良等级，主要分部工程质量全部优良，且施工中未发生过较大质量事故。

2）质量事故已按要求进行处理。

3）工程外观质量得分率达到85%以上。

4）单位工程施工质量检验与评定资料齐全。

5）工程施工期及试运行期，单位工程观测资料分析结果符合国家和行业技术标准以及合同约定的标准要求。

（5）工程项目施工质量同时满足下列标准时，其质量评为优良：

1）单位工程质量全部合格，其中70%以上单位工程质量达到优良等级，且主要单位工程质量全部优良。

2）工程施工期及试运行期，各单位工程观测资料分析结果均符合国家和行业技术标准以及合同约定的标准要求。

7.3.3 质量评定工作的组织与管理

（1）单元（工序）工程质量在施工单位自评合格后，应报监理单位复核，由监理工程师核定质量等级并签证认可。

（2）重要隐蔽单元工程及关键部位单元工程质量经施工单位自评合格、监理单位抽检后，由项目法人（或委托监理）、监理、设计、施工、工程运行管理（施工阶段已经有时）等单位组成联合小组，共同检查核定其质量等级并填写签证表，报工程质量监督机构核备。重要隐蔽单元工程（关键部位单元工程）质量等级签证表见《单元工程评定标准》附录F。

（3）分部工程质量，在施工单位自评合格后，由监理单位复核，项目法人认定。分部工程验收的质量结论由项目法人报工程质量监督机构核备。大型枢纽工程主要建筑物的分部工程验收的质量结论由项目法人报工程质量监督机构核定。

（4）单位工程质量，在施工单位自评合格后，由监理单位复核，项目法人认定。单位工程验收的质量结论由项目法人报工程质量监督机构核定。单位工程施工质量评定表见《单元工程评定标准》附录G表G-2。单位工程施工质量检验与评定资料核查。

（5）工程项目质量，在单位工程质量评定合格后，由监理单位进行统计并评定工程项目质量等级，经项目法人认定后，报工程质量监督机构核定。

（6）阶段验收前，工程质量监督机构应提交工程质量评价意见。

（7）工程质量监督机构应按有关规定在工程竣工验收前提交工程质量监督报告，工程质量监督报告应有工程质量是否合格的明确结论。

【项目小结】

本项目从实际工程出发，结合水利工程工程质量检验与评定项目，介绍了水利工程质量检验项目划分的原则和工程检验程序；水利工程质量评定的依据方法；质量评定组织与管理；数据的修约和应用。重点强度水利工程质量检验与评定的规范应用，理论联系实际，让学生更好地掌握水利工程工程质量检验与评定的基本内容和资料整理与应用。

【项目 7　习题】

一、单选题

7.4　项目 7 习题答案

1. 见证取样是指在（　　）见证下，由施工单位有关人员现场取样，并送到具有相应资质等级的工程质量检测单位所进行的检测。

A. 监理单位或项目法人　　B. 施工单位

C. 设计单位　　D. 质量监督单位

2. 分部工程施工质量同时满足下列标准时，其质量评为优良（　　）。

A. 所含单元工程的质量全部合格，其中 70%以上达到优良等级，重要隐蔽单元工程和关键部位单元工程质量优良率达 90%以上，且未发生过质量事故

B. 所含单元工程的质量全部合格，其中 70%以上达到优良等级，重要隐蔽单元工程和关键部位单元工程质量优良率达 70%以上，且未发生过质量事故

C. 所含单元工程的质量全部合格，其中 90%以上达到优良等级，重要隐蔽单元工程和关键部位单元工程质量优良率达 90%以上，且未发生过质量事故

D. 所含单元工程的质量全部合格，其中 60%以上达到优良等级，重要隐蔽单元工程和关键部位单元工程质量优良率达 60%以上，且未发生过质量事故

二、多选题

1. 质量检验是通过（　　）等方法，对工程质量特性进行的综合性评价。

A. 检查　　B. 量测　　C. 试验　　D. 观察　　E. 口头描述

2. 水利水电工程质量检验与评定应进行项目划分，项目按级划分为（　　）等三级。

A. 单位工程　　B. 分部工程

C. 单元（工序）工程　　D. 分项工程　　E. 项目

3. 质量检验包括（　　）。

A. 施工准备检查

B. 原材料与中间产品质量检验

C. 水工金属结构

D. 启闭机及机电产品质量检查，

E. 单元（工序）工程质量检验，

F. 质量事故检查和质量缺陷备案

G. 工程外观质量检验

4. 检验和分析数据可靠性时，应符合下列要求（　　）。

A. 检查取样应具有代表性

B. 检验方法及仪器设备应符合国家及行业规定

C. 操作应准确无误

D. 所有检测数据都可用

5. 合格标准是工程验收标准。不合格工程必须进行处理且达到合格标准后，才能进行后续工程施工或验收。水利水电工程施工质量等级评定的主要依据有（ ）。

A. 国家及相关行业技术标准

B. 《单元工程评定标准》

C. 经批准的设计文件、施工图纸、金属结构设计图样与技术条件、设计修改通知书、厂家提供的设备安装说明书及有关技术文件

D. 工程承发包合同中约定的技术标准

E. 工程施工期及试运行期的试验和观测分析成果

6. 单位工程施工质量同时满足下列标准时，其质量评为合格（ ）。

A. 所含分部工程质量全部合格

B. 质量事故已按要求进行处理

C. 工程外观质量得分率达到70%以上

D. 单位工程施工质量检验与评定资料基本齐全

E. 工程施工期及试运行期，单位工程观测资料分析结果符合国家和行业技术标准以及合同约定的标准要求

7. 单位工程施工质量同时满足下列标准时，其质量评为优良（ ）。

A. 所含分部工程质量全部合格，其中70%以上达到优良等级，主要分部工程质量全部优良，且施工中未发生过较大质量事故

B. 质量事故已按要求进行处理

C. 工程外观质量得分率达到85%以上

D. 单位工程施工质量检验与评定资料齐全

E. 工程施工期及试运行期，单位工程观测资料分析结果符合国家和行业技术标准以及合同约定的标准要求

参 考 文 献

[1] 中华人民共和国水利部行业标准．水利水电工程施工质量检验与评定规程：SL 176—2007 [S]．北京：中国水利水电出版社，2007.

[2] 中国水利水电科学研究院．水利水电建设工程验收规程：SL 223—2008 [S]．北京：中国水利水电出版社，2008.

[3] 中国标准出版社．土工试验规程：YS/T 5225—2016 [S]．北京：中国标准出版社，2016.

[4] 水利部．水利水电工程单元工程施工质量验收评定标准——土石方工程：SL 631—2012 [S]．北京：中国水利水电出版社，2012.

[5] 水利部．水利水电工程单元工程施工质量验收评定标准——混凝土工程：SL 632—2012 [S]．北京：中国水利水电出版社，2012.

[6] 水利部．水利水电工程单元工程施工质量验收评定标准——地基处理与基础工程：SL 633—2012 [S]．北京：中国水利水电出版社，2012.

[7] 水利部．水利水电工程单元工程施工质量验收评定标准——堤防工程：SL 634—2012 [S]．北京：中国水利水电出版社，2012.

[8] 水利部．水利水电工程单元工程施工质量验收评定标准——水工金属结构安装工程：SL 635—2012 [S]．北京：中国水利水电出版社，2012.

[9] 水利部．水利水电工程单元工程施工质量验收评定标准——水力机械辅助设备系统安装工程：SL 637—2012 [S]．北京：中国水利水电出版社，2012.

[10] 中华人民共和国国家标准．水泥取样方法：GB/T 12573—2008 [S]．北京：中国标准出版社，2008.

[11] 中华人民共和国国家标准．通用硅酸盐水泥：GB 175—2023 [S]．北京：中国标准出版社，2023.

[12] 中华人民共和国国家标准．水泥胶砂强度检验方法（ISO 法）：GB/T 17671—2021 [S]．北京：中国标准出版社，2021.

[13] 中华人民共和国国家标准．水泥标准稠度用水量、凝结时间、安定性检验方法：GB/T 1346—2011 [S]．北京：中国标准出版社，2011.

[14] 中华人民共和国国家标准．混凝土结构工程施工质量验收规范：GB 50204—2015 [S]．北京：中国建筑工业出版社，2015.

[15] 工程建设国家标准．回弹法检测混凝土抗压强度技术规程：JGJ/T 23—2011 [S]．北京：中国建筑工业出版社，2011.

[16] 许明丽，高亚威．水工建筑材料与检测 [M]．郑州：黄河水利出版社，2021.